AF850038

BRITTA TELAHR

100 GESTALTUNGSIDEEN für kleine Gärten

Wohlfühlgarten Schritt für Schritt gestalten

BRITTA TELAHR

100 GESTALTUNGSIDEEN für kleine Gärten

Wohlfühlgarten
Schritt für Schritt gestalten

INHALT

VORWORT

Die Corona-Zeit hat es uns gezeigt. Ein Garten ist ein wertvoller Ort. Glücklich kann sich derjenige schätzen, der solch einen Ort sein Eigen nennt. Im Garten grünt und blüht es und mit versteckten Sitzplätzen haben wir die Möglichkeit, die Welt da draußen kurzzeitig auszublenden.

Ich bin Gartenplanerin aus Leidenschaft. Nach der Ausbildung im Planungsbüro und der Gärtnerei des renommierten Gartengestalters Peter Janke gründete ich Anfang 2013 mein eigenes Unternehmen »Pflanz-Konzept« und entwickle seitdem als selbständige Gartenplanerin Gestaltungs- und Pflanzkonzepte, vor Ort oder als Fernplanungen. Ich lebe mit meinem Lebensgefährten Jürgen Mies und unserer Katze Sammy im Westmünsterland. Mein eigener Garten ist nur 250 m^2 groß, wirkt aber durch die Unterteilung in Gartenräume und die so entstandenen Wohlfühlplätze viel größer. 2025 wurde mein Garten beim Wettbewerb »Gärten des Jahres« als einer der schönsten 50 Privatgärten ausgezeichnet.

Ein Garten, das ist Natur direkt vor der eigenen Haustür. Im Garten werden alle unsere 5 Sinne angesprochen: Sehen, Hören, Riechen, Fühlen, Schmecken. Die Farbe Grün hat eine ausgleichende und beruhigende Wirkung. Vogelgezwitscher und das Summen von Bienen haben ebenfalls eine positive Auswirkung auf unser Befinden. Das Beobachten eines Schmetterlings, der von Blüte zu Blüte fliegt, verursacht bei uns Glücksgefühle. Der Duft der Blüten, Barfußlaufen im Gras und Früchte aus dem eigenen Garten. Ein Garten tut uns einfach gut.

Ein Garten ist Rückzugsort, Raum für Erholung und Ruhe, Ort zum Kraft tanken und Durchatmen, ein Ausgleich zum stressigen Alltag. Hier kann man abschalten und die Seele baumeln lassen. Der Garten ist aber auch Treffpunkt für Familie und Freunde, ein Ort für Geselligkeit. Im Garten kann gegessen und gefeiert werden. Für die Kinder ist es ein Ort für Spiel und Spaß. Dank Homeoffice wird der Garten nun sogar teilweise zum Arbeitsplatz.

Ein Garten bringt uns in Bewegung und entspannt uns gleichermaßen. Damit wir uns im Garten wohlfühlen, wünschen wir uns einen geschützten Raum, ein Gefühl von Sicherheit und Geborgenheit. Aber viele Grundstücke sind klein und von allen Seiten einsehbar. Wie gestaltet man hier einen Wohlfühlort, geschützt vor den neugierigen Blicken möglicher Nachbarn?

Ein Garten muss nicht groß sein, wenn er mehrere Funktionen erfüllen und ein Ort werden soll, an dem man sich wohlfühlt. Daher sind den Themen »Sichtschutz zur Gartengrenze« und »Sichtschutz an der Terrasse« zwei große Kapitel gewidmet und ich freue mich, dir diese und noch viele weitere Gestaltungsideen vorzustellen, um jeden Garten in einen Wohlfühlort zu verwandeln.

Die Bilder sind fast alle in den Gärten entstanden, die von mir gestaltet wurden.

Ich wünsche dir viele Inspirationen und Spaß bei der Lektüre meines ersten Gartenbuches, dass ich mit sehr viel Freude für dich geschrieben habe.

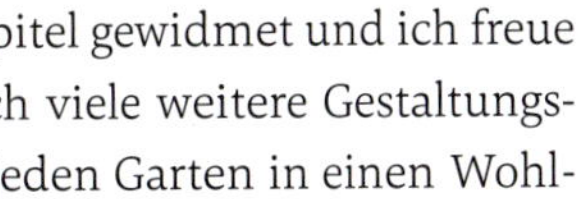

1

Sichtschutz im Wohlfühlgarten – die besten Ideen

Entdecke kreative Sichtschutzlösungen für Terrasse und Gartengrenzen. Erfahre, wie Pflanzen als natürliche Barrieren fungieren und wie wichtig es ist, den Blick aus dem Fenster bei der Gartengestaltung zu berücksichtigen.

SICHTSCHUTZ FÜR DIE TERRASSE

Vor Blicken geschützt wird die Terrasse zum Wohlfühlort. Hier kann man entspannen.

Wie wird ein Garten gemütlich? Wie erreiche ich es, dass ich mich auf meiner Terrasse wohlfühle und gerne dort sitze? Dieses Problem kennen besonders Gartenbesitzer eines neu gebauten Hauses. Auf der Terrasse zu sitzen, fühlt sich an wie auf dem »Präsentierteller«, denn Hecken sind oft frisch gesetzt und noch zu niedrig, um Sichtschutz zu geben.

Viele Gärten, die ich sehe, haben eine Terrasse, dann folgt Rasen und in einiger Entfernung meistens ein sehr schmales Beet, oft direkt vor der Hecke. Mit vielen Pflanzen in Töpfen wird versucht, die große Terrasse irgendwie gemütlich zu machen. Aber Töpfe brauchen im Sommer täglich Wasser. Man kann also nicht ein Wochenende wegfahren, ohne jemanden

Entspannung pur auf der Hausterrasse. Durch das angrenzende blühende Staudenbeet wird dieser Platz zur Oase. Bienengesumm und Schmetterlinge sorgen für echtes Gartengefühl und Wohlbefinden.

zu bitten, die Pflanzen zu gießen. Meine Empfehlung ist hier, ein Beet direkt an die Terrasse anzuschließen. Das hat gleich mehrere Vorteile:

Zum einen fühle ich mich – umringt von einer schönen Pflanzung – sofort wohl dort. Zum anderen versorgt sich diese Pflanzung durchaus einige Tage selber. Es kann also gut auf das Topf-Arrangement verzichtet werden. Aber der größte und wichtigste Vorteil eines Beetes direkt am Sitzplatz ist, dass ich hier wunderbar durch Großstauden im Sommer für Sichtschutz sorgen kann.

Zwei Pflanzen, die ich für transparenten Sichtschutz sehr gerne direkt an Sitzplätzen einplane, sind das Riesen-Federgras und der Hanfblättrige Eibisch.

Das **Riesen-Federgras** *(Stipa gigantea)* ist bereits im Juni mit einer Höhe von ca. 180 cm ausgewachsen. Es gibt kein anderes Gras, das so früh im Jahr schon so einen tollen, transparenten Sichtschutz geben kann. Ein Platz direkt an der Terrasse ist daher ideal.

Mir gefällt besonders, wenn die goldgelben Blütenrispen die Sonnenstrahlen einfangen. Am wirkungsvollsten ist es, das Riesen-Federgras so zu platzieren, dass die Morgen- oder Abendsonne es zum Leuchten bringt. Das Gras bewegt sich wunderbar im Wind und sieht auch angestrahlt am Abend sehr attraktiv aus.

Die langen Blütenhalme haben bis in den Winter eine schöne Optik, daher sollten diese erst im Frühjahr herausgeschnitten werden. Der ca. 40 cm hohe Blatthorst ist ganzjährig immergrün. Für das Gras sollte eine Fläche von 70–80 cm im Durchmesser eingeplant werden. Es benötigt Sonne und fühlt sich auf normalem bis trockenem Boden wohl. Meine Empfehlung: Am besten das Gras bereits im 5-Liter-Topf erwerben, denn es benötigt einige Zeit, bis es viele Blütenhalme entwickelt hat.

Das Riesen-Federgras schafft es mit Leichtigkeit, die Privatsphäre zu schützen.

Ein opulenter Sichtschutz mit Sträuchern im Hintergrund sowie Prachtscharte und anderen Stauden.

Die Blüten des Hanfblättrigen Eibisch erinnern an Malvenblüten.

Der **Hanfblättrige Eibisch** *(Althaea cannabina)* hat seinen Namen den hanfähnlichen Blättern zu verdanken. Auch diese Pflanzen wächst bis zum Sommer auf eine stattliche Höhe von circa 180–200 cm heran. Ab Juli öffnen sich dann nach und nach die kleinen, rosafarbigen, malven-ähnlichen Blüten und sorgen für einen transparenten Blütenschleier. Die Pflanze benötigt Sonne und freut sich bei einem trockenen Boden über regelmäßige Wassergaben.

Richtig planen

Viele Gartenbesitzer sind unzufrieden mit der Optik ihrer selbst angelegten Beete, die häufig einfach zu schmal geplant wurden. Um schöne Kombinationen im Staudenbeet zu ermöglichen, sollte ein Beet mindestens eine Tiefe von 1,20 m haben. Nur so ist Platz, um mehrere verschiedene Stauden hintereinander und versetzt statt nebeneinander zu pflanzen – das bringt Spannung ins Beet und ermöglicht eine beinahe ganzjährige Blütezeit.

Häufig wird außerdem nicht bedacht, dass sich im nahen Wurzelbereich einer Hecke eine Pflanzung nicht gut entwickeln kann. Schon allein für die Pflege der Hecke, z. B. die Schnittarbeiten, sollte ein schmaler Streifen von ca. 40 cm zwischen Hecke und Staudenbeet frei bleiben.

MEIN TIPP

Pflanze transparente Großstauden direkt an den Sitzplatz. Das ist der schnellste Sichtschutz für den Sommer! Durch die Transparenz nimmst du dir nicht den Blick in den Garten und fühlst dich trotzdem gegen fremde Blicke geschützt.

Dieser Sitzplatz wird gleich von zwei Seiten durch üppig blühende Staudenbeete eingerahmt. Auf pflegeintensive Pflanzen in Töpfen kann verzichtet werden. Auch wenn die Bepflanzung gar nicht so hoch ist, fühlt man sich bei solch einem Sitzplatz sicher und geborgen.

Großstauden und hohe Gräser wie Riesen-Federgras und Hanfblättriger Eibisch bieten nicht nur transparenten Sichtschutz, sondern machen den Blick in den Garten auch spannend. So wird der Garten in verschiedene Bereiche unterteilt und kann vom Auge nicht sofort im Ganzen erfasst werden.
Erstaunlich: Bereits eine einzige Eibischpflanze (rechts im Bild) ist ausreichend, um einen Teil der Terrasse zu verdecken.

Auch hier schließt ein Beet direkt an der Terrasse an.

So nicht! Das Beet ist viel zu schmal angelegt. Hier können Stauden nur in einer Reihe platziert werden. Zusätzlich ist die Pflanzfläche zu nah an der Hecke.

SICHTSCHUTZ FÜR GARTENGRENZEN

Ein wenig Privatsphäre ist im Wohlfühlgarten wichtig. Apart gestaltet können Grenzen von draußen und drinnen gefallen.

Sichtschutz zu den Gartengrenzen ist immer ein großer und verständlicher Wunsch eines Gartenbesitzers. Wir möchten uns im Garten wohlfühlen und das bedeutet auch, dass wir unbeobachtet sein wollen. Hier stelle ich gerne die Frage, ob das denn für den ganzen Garten gilt oder vielleicht nur für bestimmte Bereiche. Es muss ja nicht eine immergrüne Hecke an allen drei Grundstücksseiten gesetzt werden oder ein Stabgitterzaun mit Sichtschutzstreifen. Da gibt es abwechslungsreichere und schönere Möglichkeiten, für Sichtschutz zu sorgen.

Geh doch einmal durch den Garten und schaue dich um: »Wo brauche ich denn überhaupt Sichtschutz?« In unserem eigenen Garten gibt es verschie-

Zwei Sträucher sorgen an der Gartengrenze für Sichtschutz und Privatsphäre, wenn wir auf der Terrasse am Haus sitzen.

dene Plätze, an denen wir uns gerne aufhalten und wofür wir uns Sichtschutz wünschten. Wir haben z. B. einen schönen Schmetterlingsstrauch an die Gartengrenze gesetzt, der uns Sichtschutz gibt, wenn wir auf der Hausterrasse sitzen.

Hecken-Allerlei

Wenn eine klassische Hecke gesetzt werden soll, rate ich immer davon ab, den großblättrigen Kirschlorbeer *(Prunus laurocerasus)* zu wählen. Der allgemein bekannte Vorteil, dass diese Lorbeerart extrem schnell wächst, verändert sich später zu einem großen Nachteil. Dann nämlich, wenn der Gartenbesitzer mehrmals im Jahr zur Heckenschere greifen muss, um die Pflanzen in Form zu bringen. Wer das satte Dunkelgrün des Lorbeers mag, dem rate ich zur Portugiesischen Lorbeerkirsche *(Prunus lusitanica* 'Angustifolia').

Bei der Pflanzenwahl muss es aber gar nicht zwangsläufig eine immergrüne Heckenart sein. Sehr gerne empfehle ich auch die Rotbuche als Heckenpflanze. Die Rotbuche hat im Sommer ein frisch grünes Laubkleid, das sich im Herbst braun verfärbt. Das Laub bleibt so lange an der Pflanze, bis die frischen Laubblätter im Frühling austreiben. Erst dann fällt das braune Laub ab. So hat man auch bei dieser Heckenart einen ganzjährigen Sichtschutz.

Ich empfehle meinen Kunden aus zweierlei Gründen gerne Buchenhecken. Zum einen ist der Farbwechsel im Herbst und Frühling einfach attraktiv, zum anderen ist die Buchenhecke um ein Vielfaches günstiger im Vergleich zu den immergrünen Alternativen. In gut sortierten Baumschulen können Rotbuchenpflanzen im Topf oder als Ballenware erworben werden. Im Vergleich zur oft angebotenen wurzelnackten Ware, ist dies eine bereits gut verzweigte Qualität und in vielen Höhen erhältlich. Buchengehölze sind deshalb ein sehr guter Ersatz für die klassischen immergrünen Heckenpflanzen, wenn von vornherein Sichtschutz in einer guten Höhe gewünscht ist.

Über den von uns gesetzten Kastanienzaun sind durchaus Blicke in Nachbars Garten möglich, und hier findet das ein oder andere Schwätzchen statt.

MEIN TIPP

Beim Setzen von Bäumen, Spalieren, Hecken, Sträuchern und baulichen Elementen müssen Grenzabstände eingehalten oder das Einverständnis des Nachbarn eingeholt werden.

Auch ein Sitzplatz – wie hier die Holzpergola – kann entlang der Gartengrenze gesetzt werden. Eine Abtrennung aus sibirischer Lärche sorgt für den nötigen Sichtschutz.

Gräser-Hecken sind ideale Gartengrenzen, an Stellen, die nur im Sommer einen Sichtschutz benötigen (denn die Gräser werden im Frühling heruntergeschnitten und wachsen dann bis zum Sommer wieder auf ihre Endhöhe. Wähle ein hohes Gras, das früh im Jahr bereits ausreichend hoch gewachsen ist. Das Garten-Reitgras 'Karl Foerster' ist eine ideale Sorte.

Die Rotbuche im Sommer: frisches, saftiges Grün. Der Topf mit dem gelbgrünen Japan-Berggras hebt sich fantastisch vor diesem Hintergrund ab.

Die **Rotbuche** *(Fagus sylvatica)* hat grünes Laub im Sommer, das sich im Winter braun färbt und bis zum Frühjahr an der Pflanze haften bleibt. Sie bietet im Garten daher ganzjährigen Sichtschutz. (Zuwachs jährlich ca. 20–40 cm). Darüber hinaus bietet die Rotbuche vielen Kleinvögeln Schutz. Blattwerk und Zweige sind beliebte Orte für den Nestbau.

VERWECHSLUNGSGEFAHR

Die Rotbuche (Fagus sylvatica) darf nicht mit der Hainbuche (Carpinus betulus) verwechselt werden, die im Winter das Laub abwirft oder mit der Blutbuche, die dunkelrotes Sommerlaub hat.

Die Rotbuchenhecke hüllt sich im Herbst und Winter in ein wunderschönes Braunrot. Unsere Katze Sammy genießt den Ausblick.

Gewöhnlicher Liguster *(Ligustrum vulgare)* ist eine beliebte Heckenpflanze. Er ist winterhart und halbimmergrün. In milden Wintern behält er sein Laub; nur in strengen Wintern oder kälteren Regionen verliert er seine Blätter. Liguster ist ein gutes Vogelschutzgehölz. Er wächst besonders schnell (Zuwachs jährlich 30–40 cm) und dicht verzweigt zu einem guten Sichtschutz. Für einen dichten Wuchs ist es jedoch ratsam, ihn mindestens zweimal im Jahr zu schneiden.

Portugiesische Lorbeerkirsche (*Prunus lusitanica* 'Angustifolia') ist immergrün, hat aber wesentlich schmalere Blätter und wächst moderater als die Lorbeerkirsche *(Prunus laurocerasus)*, sodass nur einmal im Jahr ein Pflegeschnitt notwendig ist. Ursprünglich stammt diese Art aus dem Mittelmeerraum. Mittlerweile gedeiht die Pflanze auch in unserem Klima sehr gut. Sie gilt als winterhart bis minus 15 °C.

Die immergrüne **Europäische Eibe** *(Taxus baccata)* übersteht selbst strenge Winter. Sie wächst sehr schön dicht, aber relativ langsam (Zuwachs jährlich ca.15–20 cm). Daher muss eine Eibenhecke nur einmal im Jahr in Form geschnitten werden. Der dunkelgrüne Strauch oder Kleinbaum ist frostunempfindlich und benötigt wenig Wasser. Nur in langen Trockenperioden sollte gegossen werden. Alle grünen Teile der Eibe sind giftig. Das dichte Grün dient Vögeln als Unterschlupf.

Bei dieser Planung wurden Säulen-Amberbäume entlang der Grundstücksgrenze gesetzt. Sie betonen die Grenze in der Vertikalen. Ab September begeistern die Bäume mit einer fantastischen Herbstfärbung.

Das **Garten-Reitgras** bzw. **Sandrohr** (*Calamagrostis × acutiflora* 'Karl Foerster') wird je nach Standort bis zu 1,50 m hoch. Das es bereits im Juni ausgewachsen ist, macht es so wertvoll für die Gartengestaltung. Es wächst sehr schlank und aufrecht, der Platzbedarf pro Gras sind 30–40 cm. Die anfangs weit gefächerten Gräserblüten verändern sich im Laufe des Sommers zu einer schmalen, gelben Ähre. Das Gras ist standhaft und auch im Winter attraktiv. Daher sollte ein Rückschnitt im März erfolgen. Es wächst bis zum Sommer wieder auf seine volle Höhe heran. Nur in dieser Zeit ist kein voller Sichtschutz gegeben.

Bäume und Sträucher platzieren

Beim Rundgang durch den Garten empfehle ich auch danach zu schauen, wo im oberen Bereich der Gartengrenzen ein Sichtschutz Sinn macht. Möchte ich z. B. die obere Etage des Nachbarhauses oder einen unschönen Blick verdecken? Dafür ist das Setzen von Bäumen ideal. Auch das Thema »Schatten im Garten« gewinnt einen immer größeren Stellenwert. Wird ein Baum gepflanzt, darf nicht vergessen werden, dass es einige Zeit dauern wird, bis die Krone genug Schatten wirft. Beim Kauf eines älteren Baums kannst du dir aber »Zeit« kaufen.

Neben Bäumen mit normal gewachsener Krone gibt es die verschiedensten Gehölze auch in Spalierform. Hier kann zwischen immergrünen Exemplaren und laubabwerfenden ausgewählt werden.

Bei der Auswahl von Gehölzen sollte unbedingt auf die Endhöhe der Bäume und die Größe des Gartens geachtet werden. Es gibt viele für kleine bis mittelgroße Gärten passende Arten. Ich wundere mich oft, wie viele Kastanien- oder Walnussbäume in eher kleinen Gärten wachsen. Hier wurde bei der Pflanzung nicht bedacht, dass es sich um Großbäume handelt, die den gesamten Garten beschatten können.

Der Zierapfel ist ein schöner Spalierbaum. Die kleinen Äpfelchen bleiben auch nach dem Laubfall am Baum und schmücken das Gehölz im Winter. Sie sind bei Vögeln eine beliebte Nahrungsquelle.

Schattenwunsch

Durch die heißer werdenden Sommer wird Schatten im Garten immer wichtiger. Wird deshalb ein Baum gepflanzt, so darf nicht vergessen werden, dass es einige Zeit dauern wird, bis die Krone so gut ausgebildet ist, dass sie genug Schatten wirft. Meine Empfehlung: Beim Baumkauf »Zeit kaufen«, in dem man einen älteren Baum erwirbt.

MEIN TIPP

In den Baumschulen findet man oft die Bezeichnung Klimabaum. Diese Baumarten überstehen starke Fröste, Trockenheit und Hitze gut und sind für die Klimaveränderung gewappnet.

Eine versetzt angeordnete Gruppe Sandrohr schafft zur Gartengrenze einen lockeren Sichtschutz und sieht attraktiv aus.

Spalierbäume sind ideal, wenn wenig Platz zur Verfügung steht, da der vorgeschriebene Abstand nicht so groß zur Gartengrenze sein muss, wie bei freiwachsenden Gehölzen.

Sehr attraktiv: Eine Rotbuchenhecke mit einer davor gesetzten, etwas niedrigeren Blütenhecke aus Hortensien (Hydrangea paniculata 'Annabelle'). Die grüne Hecke dient als Kulisse und lässt die weißen Blütenbälle wunderbar leuchten. Ein (vom Laub verdeckter) Kastanienzaun vor den Hortensien stützt die schweren Blütenbälle.

Immergrün, laubabwerfend oder wintergrün?

Stell dir die Frage, wann du an den verschiedenen Stellen Sichtschutz benötigst. Vielleicht hälst du dich nur im Sommer in diesem Bereich auf? Dann sind laufabwerfende Pflanzen genau richtig für deinen Wohlfühlort Garten. Du kannst aus einer riesigen Auswahl an Sorten auswählen und deinen Garten mit abwechslungsreicher Laub- oder Herbstfärbung und tollen Blüten bereichern.

Steht in einem Garten ausreichend Platz zur Verfügung oder soll die gradlinige Einfassung einer Hecke aufgebrochen werden, so bietet sich die Einplanung von Sträuchern an, die vielfältig einsetzbar sind. Wir haben einen Schmetterlingsstrauch gepflanzt, der auf charmante Weise einen unschönen Ausblick auf eine Abstellfläche des Nachbarn verdeckt. Der Strauch verbirgt gleichzeitig den Blick in den dahinterliegenden Teil unseres Gartens. So gelingt eine spannungsreiche Gartenplanung.

Sträucher oder hohe Gräser sind bestens geeignet, um vorhandene Zäune zu verdecken oder zu begrünen. Die folgenden Fotos zeigen aber auch sehr schön, wie viel attraktiver eine Pflanzung im Gegensatz zu einem Zaun ist. Vorausgesetzt natürlich, der Sichtschutz genügt im Sommer – wenn die Sträucher im Winter nicht belaubt sind.

MEIN TIPP

Ein Baum, der 15–20 m hoch wird, kann nicht klein gehalten werden, ohne dabei seinen natürlichen Habitus zu verlieren. Ratsamer ist es, direkt beim Kauf die Endhöhe der gewünschten Gehölzart zu beachten.

Im Hintergrund verdecken das hohe Gras Panicum 'Northwind' und der Schmetterlingsstrauch (der noch höher und breiter wachsen wird) den Holzzaun.

Der Schmetterlingsstrauch schafft einen vor Blicken geschützten, spannenden Gartenbereich – ein gelungenes Element der Gartenplanung.

BLICK AUS DEM FENSTER

Zu kalt? Zu heiß? Regen? Du kannst auch beim Blick durchs Fenster den Wohlfühlgarten genießen.

In unseren Breitengraden verbringen wir ja doch die meiste Zeit nicht im Garten, sondern im Haus. Bei meinen Planungen schaue ich deshalb auch immer, wo es Fenster gibt und einen Blick raus in den Garten. Hier sollten Beete eingeplant werden, um eine schöne Aussicht in den Garten zu erhalten.
Ganz besonders gilt das für die Hausseite beziehungsweise für den Vorgarten. Bei vielen Häusern wird dieser meistens schmale Gartenteil

So kann ein Ausblick auch aussehen: Ein attraktives Cortenstahl-Hochbeet mit einer tollen Blattschmuckbepflanzung, davor ein kleiner Sitzplatz. Hier wird der schmale Streifen an der Hausseite von gerade mal 3 m Tiefe ideal ausgenutzt.

Ohne die attraktive Bepflanzung im Hochbeet wäre der Weg in den Garten langweilig: Durch die Stauden und Gehölze treten das Pflaster und der Holzzaun dezent in den Hintergrund.

etwas stiefmütterlich behandelt. Vielfach gibt es dort noch gar keine Beete, sondern nur eine Rasenfläche, die aufgrund von zu viel Schatten eher trostlos aussieht. Dabei kann man auch hier ganz wunderbar gestalten und so dazu beitragen, dass der Blick aus dem Fenster attraktiv ist. Ein gut durchdachtes Pflanzkonzept sorgt ganzjährig für Highlights und die Optik in den Beeten verändert sich zu jeder Jahreszeit.

Der Blick von der Gartenseite her. Die Bepflanzung rahmt den Zugang zum Haus ein.

Die Beete beginnen direkt an der Terrasse. Durch die Fenster ist daher ein attraktiver Ausblick garantiert.

Der Blick vom Esstisch in den Garten: Blühende Beete, ein Strandkorb am Pool. Hier schaut man gerne hinaus.

Dass auch der Ausblick in den winterlichen Garten attraktiv ist, wird durch Pflanzen mit Struktur oder bauliche Elemente erreicht.

2

Gartenräume

Entdecke, welche Gestaltungsmöglichkeiten du durch die Form der Beete erhältst und wie durch den gezielten Einsatz von Pflanzen und Niveauunterschieden zauberhafte Gartenräume gestaltet werden können. Sei gespannt, wie viele unterschiedliche Wünsche sich so selbst in einem kleinen Garten verwirklichen lassen.

ATTRAKTIVE GARTENRÄUME GESTALTEN

Ein Platz zum Träumen, einer zum Genießen des Gartens, ein anderer, um mit Freunden zu feiern – schaffe dir Gartenräume!

Gartenräume sind Bereiche im Garten, die durch bauliche oder pflanzliche Elemente voneinander getrennt sind. Durch die Gestaltung von Gartenräumen lässt sich ein Garten in verschiedene Bereiche unterteilen. Diese Bereiche können ganz unterschiedlich genutzt werden, individuell nach den Bedürfnissen und Wünschen der Gartennutzer. So finden auch in einem kleinen Garten verschiedene Themen wie Erholung, Geselligkeit, Spiel und noch mehr einen Platz und sind optisch voneinander abgetrennt.

Die Möglichkeiten Gartenräume zu gestalten, sind vielseitig und so bleiben keine Wünsche offen, egal wie die zukünftige Nutzung aussieht:

Das Staudenbeet bildet einen attraktiven Hintergrund und einen geschützten, angenehmen Raum für den bequemen Adirondack Chair. Ein schönes Fleckchen, um die warme Spätsommersonne zu genießen.

- → Mit baulichen Elementen: Wege, Mauern, Niveauunterschiede durch Hochbeete oder Treppen, Terrassen, Pavillons, Zäune
- → Mit Bepflanzungen: Hecken, Sträucher, Gräser, Bäume, Stauden

Ich schaffe verschiedene Gartenräume durch unterschiedlich geformte Beete. Egal, ob formal geometrische oder organisch geschwungene Beetformen, es ist immer möglich, durch die Platzierung der Beete Gartenräume zu definieren. So lassen sich auch in kleinen Gärten viele Gartenräume für unterschiedlichste Bedürfnisse verwirklichen. Jeder Bereich steht für sich allein und trotzdem bilden alle zusammen ein harmonisches Ganzes.

MEIN TIPP

Ein Garten will entdeckt werden. Gartenräume sorgen für Spannung, das ist besonders bei kleinen Gärten vorteilhaft. Gerade diese Gärten sind durch Gartenräume nicht sofort im Ganzen zu überblicken und wirken dann größer und interessanter.

Das Hochbeet wurde direkt neben einem Beet auf Rasenniveau angelegt. So entsteht eine Raumwirkung.

Zwei versetzt angelegte Staudenbeete schaffen Raum für eine Sitzbank. Die Beete sorgen für Sichtschutz und Privatsphäre. Auf einer »nackten« Rasenfläche fühlt man sich nicht so geborgen – niemand würde dort eine Bank aufstellen. Es ist dagegen sehr angenehm, mitten in der Pflanzung zu sitzen. Hier hört man es summen und brummen, Schmetterlinge fliegen vorbei. Das ist ein Platz mit Wohlfühlfaktor.

In diesem Garten gab es im hinteren Gartenteil eine große Rasenfläche mit einem eingelassenen Pool und einem kleinen gepflasterten Platz für zwei – kaum genutze – Liegestühle. Jetzt fassen Stauden- und Gräserbeete den Liegebereich ein, sorgen für eine optische Trennung vom restlichen Garten und für Sichtschutz und Privatssphäre. Ein echter Wohlfühlort. Die Gräser passen wunderbar zum Thema »Wasser« und sorgen für Urlaubsfeeling im eigenen Garten.

Dieser Garten ist gerade mal 70 Quadratmeter groß. Durch die Anordnung der Beete entstehen verschiedene Gartenräume: Der kleine Sitzplatz am Pool bietet auch Platz für eine Liege. Der frisch gepflanzte Baum wird in ein paar Jahren für Schatten sorgen. Auch die Bepflanzung trägt dazu bei, die Bereiche optisch abzutrennen, zum einen links ein hoher Strauch, der den Blick von der Hausterrasse zur Gartenliege unterbricht und so den Liegeplatz abschirmt, zum anderen in der Mitte des Gartens das hohe Riesen-Federgras.

Das Riesen-Federgras ist durch seine transparente Wirkung und die Höhe von 180 cm, die bereits im Juni schon erreicht wird, ein perfekter Raumteiler. Das Gras ist so platziert, dass es auch vom Haus aus zu sehen ist: am Abend mit Licht in Szene gesetzt oder wenn die Morgen- oder Abendsonne es zum Leuchten bringt. Stipa gigantea ist immer ein Highlight im Garten und mein absolutes Lieblingsgras.

Ein Blick vom Garten Richtung Haus zeigt, wie die Terrasse durch Pflanzen abgeschirmt werden kann. Das Staudenbeet dient als Abgrenzung zur Rasenfläche. Eine eher ungewöhnliche Planung, da viele den Blick von der Terrasse in den Garten nicht einschränken möchten. Doch genau so entsteht ein Wohlfühlort.
Als Sträucher wurden ein gelblaubiger Perückenstrauch (Cotinus coggygria) (ganz rechts im Bild) und die Prunkspiere (Exochorda macrantha 'The Bride') verwendet.

Mit Niveau

Das Höhenniveau einer Terrasse sollte mit dem Niveau des Wohnhauses übereinstimmen. So kann die Terrasse vom Haus aus barrierefrei erreicht werden. Um von der Terrasse aus in den Garten zu gelangen, sind ein paar Stufen eine optische Bereicherung. Sie schaffen einen Übergang von einem Gartenraum in den nächsten.

Die Strauchpflanzung hat eine Doppelfunktion: Sie sorgt für Sichtschutz für die Hausterrasse und trennt den Gartenteil mit Strandkorb ab. Der Strandkorb ist kaum zu sehen. Nur der obere Teil ragt über den Strauch hinaus. So entsteht Spannung im Garten!

In diesem größeren Garten wurde die Hecke in einer geschwungenen Linie gepflanzt. Platz war genug vorhanden, da auch die dahinterliegende Fläche zum Grundstück gehört. Der spannende Raumeffekt wird durch den Baum, der mittig platziert wurde, unterstützt. In den kommenden Jahren ensteht durch die größer werdende Krone ein zusätzlicher Schattenplatz.

Ein kurzes Stück Hecke mitten im Garten kann als »grüne lebende Mauer« die Gartenräume teilen und abgrenzen. Die Hecke schirmt die Hängematte, die im Sommer an den Dachplatanen befestigt wird, vor Blicken aus dem Nachbargarten ab. Die Hecke ist L-förmig geplant worden, damit sie besser als Raumteiler wahrgenommen wird.

Wo vorher Rasen war, gedeihen nun üppige Stauden und Gräser, die zu jeder Jahreszeit, ganz besonders im Spätsommer, traumhaft aussehen. Hier formt der geschwungene Weg zum hübschen Gartenhaus die Gartenbereiche. Von der Hausterrasse aus ist der Weg nicht komplett einsehbar: Das erzeugt Spannung und verleitet dazu, den restlichen Gartenteil zu erkunden.
Der Kugel-Amberbaum (Liquidambar styraciflua 'Gumball') bringt nicht nur Höhe, sondern begrenzt auch optisch die kleine Rasenfläche.

Ein Hochbeet neben einem Beet auf Rasenniveau. Durch den Höhenunterschied entsteht eine interessante Raumwirkung. Die Terrasse wird aufgewertet.

MEIN TIPP

Die Wahl der Gräserart und -sorte ist wichtig, denn der Sichtschutz soll ja bereits im Sommer gegeben sein. Das Garten-Reitgras (Calamagrostis 'Karl Foerster') ist dafür perfekt, denn es ist bereits im Juni mit einer Höhe von 120–150 cm ausgewachsen. Chinaschilf erreicht erst im Spätsommer eine ausreichende Höhe.

Durch ein Hochbeet mit Gräsern – hier Calamagrostis acutiflora 'Karl Foerster' mit einer vorgepflanzten Reihe Lavendel – wird der Terrassenbereich vom Relaxbereich mit Daybed abgetrennt. So kann ein schmales Beet zwei unterschiedliche Gartenbereiche voneinander trennen.

Vom Kiesweg geht es mit zwei Stufen hoch in einen anderen Gartenteil. Die Hochbeete betonen durch ihre unterschiedlichen Höhen den Übergang. Cortenstahl passt durch seinen natürlichen Braunton wunderbar zu den Pflanzen und verbindet harmonisch die unterschiedlichen Wegbeläge.

Auch an der Gartengrenze ist ein Sitzplatz möglich. Die vorhandene Klinkermauer mit angedeutetem Fenster wurde durch eine Holzpergola ergänzt. Durch das Lamellendach und die Holzstützen ist ein neuer Wohlfühlort entstanden. Die Pergola wurde mit Kletterpflanzen begrünt, die den Bereich einrahmen und zusätzlich für Privatsphäre sorgen.

MIT PFLANZEN GESTALTEN

Zu einem Wohlfühlgarten gehört natürlich auch eine schöne Bepflanzung, denn erst durch die Pflanzen wird der Garten zum Kraftort.

Damit sich die Pflanzen gut entwickeln, ist es äußerst wichtig, auf die jeweiligen Standortbedürfnisse zu achten. Liegt das Beet in der Sonne oder im Schatten? Wie ist der Boden, sandig-trocken oder eher feucht? Auch Bereiche direkt vor einer Hecke oder unter einem Baum benötigen eine spezielle Beachtung, denn hier funktionieren am besten Pflanzen, die mit dem Wurzeldruck zurechtkommen. Bei der Kombination von Pflanzen achte auch auf die Blütenformen. Es ist immer attraktiv, wenn verschiedene Blütenformen kombiniert werden.

Rechts: Garten im Spätsommer – Die Kombination von blühenden Stauden und verschiedenen Gräsern bringt eine naturnahe Optik ins Beet.

Achte bei der Kombination von Pflanzen auch auf die Blütenformen. Es ist immer attraktiv, wenn verschiedene Blütenformen kombiniert werden.

Die Kombination von vertikalen Blüten (hier: Kerzenknöterich, Bistorta amplexicaulis) mit horizontalen Doldenblüten (hier Fetthenne, Hylotelephium telephium) erzeugt Spannung.

Im April ist der Rückschnitt der Stauden und Gräser erfolgt. Nun bringen verschiedene Narzissensorten Farbe in die Beete.

Jahreszeiten

Eine Beetbepflanzung sollte das ganze Jahr über attraktiv sein und idealerweise zu jeder Jahreszeit eine andere Optik bieten. Durch die Kombination von Gehölzen, Stauden und Zwiebelblühern gelingt dies.

Frühjahr

Narzissen zählen zu den dankbaren Zwiebelblühern. Am besten pflanzt du die Zwiebeln aber nicht einzeln ein, das hat keine Wirkung. Wenn du pro Pflanzloch sieben bis acht Zwiebeln setzt, wirkt das dagegen wie ein Blumenstrauß! Wichtig ist auch, dass die Abstände zwischen den Pflanzlöchern unterschiedlich sind, um den natürlichen Charakter der Pflanzung zu unterstreichen.

Schneide das Laub der Narzissen nach der Blüte aber nicht ab. Die Zwiebel zieht aus dem Laub die Kraft für das nächste Jahr. Ich plane die Zwiebelblüher so ein, dass die neu austreibenden Stauden und Gräser das welke Laub einfach überwachsen.

Geliebte Tulpen

Tulpen pflanze ich am liebsten in Töpfe und dekoriere damit verschiedene Bereiche in unserem Garten. Das mache ich, um folgende Nachteile zu vermeiden: Zum einen sind die Tulpen im ersten Jahr richtig schön. Im zweiten Jahr lässt die Blüte stark nach oder die Zwiebeln kommen gar nicht mehr zur Blüte. Wildtulpen sind robuster und halten länger durch. Zum anderen dauert es bei Tulpen, im Vergleich zu Narzissen, sehr lange bis nach dem Verblühen Blatt und Stiel welken. Sie sind im Beet über längere Zeit präsent und sehen dabei gar nicht mehr schön aus. Das stört den Gesamteindruck der Pflanzung.

MEIN TIPP

Werden unterschiedliche Narzissensorten kombiniert, genießt man von März bis April über viele Wochen die Blütezeit. Hierbei sollte die Sorte 'February Gold' nicht fehlen, denn diese Sorte ist eine der wenigen, die bereits im März blüht!

Frühsommer

Im Frühsommer übernehmen Stauden das florale Zepter, ergänzt durch den Zierlauch. Mit dem Öffnen der Blüten von Stauden und Gräsern entstehen laufend neue Gartenaspekte und Bilder.

Frühsommer ist »Ballzeit«. Dann machen die dekorativen Kugeln des Zierlauchs (Allium) auf sich aufmerksam. An langen Stielen schweben die Blütenkugeln in zweiter Etage sozusagen über den Staudenpflanzen.

Tulpen gedeihen auch im Topf, hier die Sorte 'Mystic van Eijk', die mit ihren aprikotfarbenen Blüten einen Kontrast zum braunen Laub der Buchenhecke bildet.

»Klotzen nicht Kleckern« – die Menge macht's. So wunderbar wirkt es, wenn viele Zierlauchzwiebeln gepflanzt wurden.

Auch abgeblüht sehen die Blütenstände des Zierlauchs noch attraktiv aus. Sie sind auch eine schöne Dekoration für dein Zuhause. Nach einer gewissen Zeit solltest du die Blütenstände aber entfernen, sie können sich sonst stark versamen und lästig werden.

Angeordnet in lockeren Gruppen wirkt der Zierlauch am schönsten. Die Blüten sehen nicht nur fantastisch aus; sie sind auch ein wertvoller Nahrungslieferant für Insekten. Ton in Ton geben sich hier Zierlauch und Iris auf beiden Seiten der Terrasse ein Stelldichein.

MEIN TIPP

Es gibt den Zierlauch weiß blühend und in violetten Farbtönen, außerdem in verschiedenen Höhen und Blütengrößen. Einige Sorten blühen bereits im Mai, andere erst im Juni. Pflanze Zierlauch mit unterschiedlichen Blühzeiten, das bringt Spannung ins Beet und sorgt für eine lange Blütezeit.

Spätsommer und Herbst

Der Spätsommer ist eine ganz besonders schöne Zeit im Garten. Die Beete scheinen übervoll und Gräser bestimmen die Optik. Jetzt darf es auch gerne ein satter Gelbton in den Beeten sein und auch rotblühende Pflanzen passen in diese Jahreszeit. Ich mag diese Jahreszeit – wenn die sanften Sonnenstrahlen die Gräser so wunderbar zum Leuchten bringen und der Frühnebel zauberhafte Effekte erzeugt, die den Garten in eine magische Atmosphäre hüllen. Das Laub der Gehölze färbt sich in lebhaften Tönen und verleiht dem Garten eine herbstliche Pracht.

Die Herbststimmung im Garten gleicht einem wundervollen Gemälde.

Sonnenhut (Rudbeckia), Kerzenknöterich (Bistorta amplexicaulis) und Astern zaubern Herbststimmung in den Garten.

Auch das macht den Charme im Spätsommerbeet aus: Stachys 'Hummelo' und Liatris spicata sind bereits verblüht, bereichern aber immer noch das Beet.

Die Felsenbirne bringt mit dem leuchtenden Herbstlaub den Indian Summer in den Garten.

Das zarte Lampenputzergras (Pennisetum alopecuroides) schwebt über den Präriekerzen (Oenothera syn. Gaura lindheimeri). Im Hintergrund sind die schönen Blüten des Eisenkrauts (Verbena bonariensis) zu sehen.

Winter

Auch wenn wir uns im Winter vielleicht gar nicht oder nur wenig im Garten aufhalten, so genießen wir doch den Blick aus dem Haus auf die Beete. Es lohnt sich also, dass die Beete auch in dieser Jahreszeit nichts an ihrer Attraktivität einbüßen. Achte bei der Auswahl der Stauden auf ihre Winteroptik. Gehölze, auch wenn sie ihr Laub verlieren, bringen ebenfalls Struktur in den Garten. Auch ein Teil immergrüne Gehölze und Stauden bereichern deinen Wohlfühlgarten und sorgen für attraktives Grün in der Bepflanzung.

Ein frostiger Tag Anfang Januar: Gräser und Stauden sehen immer noch fantastisch aus!

Farbkontrast auch im Winter: Der helle Beigeton des Lampenputzergrases steht in spannungsvollem Kontrast zum dunklen Braunton der Fetthenne.

MEIN TIPP

Um fantastische Winterbilder im Beet zu erzielen, solltest du einen Rückschnitt erst im Spätwinter Mitte/Ende März vornehmen. Durch den späten Schnitt ist zum einen die Pflanze geschützt, denn die meisten Stauden überwintern unterirdisch mit dem Wurzelwerk. Der oberirdische Pflanzenteil bedeckt den Bereich dann gut. Zum anderen ist es auch für die Tierwelt günstig, wenn die Pflanzen über den Winter stehen bleiben. Vögel finden Nahrung und Insekten Unterschlupf.

Was für eine Strahlkraft! Der Gelbton vom Gold-Japan-Berggras (Hakonechloa macra 'Aureola') leuchtet schon von weitem.

Dekorativ gefärbtes Laub

Farbiges Laub bringt Abwechslung in die Bepflanzung. Daher empfehle ich bei der Auswahl der Gehölze (Bäume und Sträucher) darauf zu achten, dass auch Pflanzen mit Herbstfärbung dabei sind. Laubgehölze mit bunten Blättern und attraktiver Rinde leuchten in den schönsten gelb, rot und orange Tönen. Wie stark sich das Laub verfärbt, hängt von der

Eine Farbe mit Fernwirkung! Das frische Laub des Perückenstrauchs leuchtet intensiv und die wolligen Fruchtstände wirken wie kleine Perücken, daher auch der besondere Name.

Witterung ab. Am schönsten färben sich die Blätter, wenn es kalte und sonnige Tage gibt.

Es gibt aber auch Pflanzen, die das ganze Jahr über farbiges Laub haben. Ein schönes Beispiel ist der Perückenstrauch, den es mit rotem (z. B. die Sorte 'Royal Purple') und auch mit gelbem Laub (z. B. die Sorte 'Golden Spirit') gibt. Aber auch bei den Stauden und Gräsern gibt es die unterschiedlichsten Grüntöne – gelbgrün, blaugrün, mittelgrün.

Funkien (Hosta) gibt es in allen erdenklichen Grüntönen. Hier ist es die Sorte 'June' mit hellgrünem Blatt und dunklerem Rand. Kombinationen verschiedener Hosta-Sorten bringen Spannung in dein Schattenbeet.

Eine Funkie (Hosta) mit blau-grünen Blättern wirkt im Zusammenspiel mit dem geschlitzten, dunklen Laub des Zierholunders (Sambucus 'Black Lace') besonders apart.

Farbharmonie pur: Das Weinrot des Perückenstrauchs wiederholt sich in den Blütenfarben von Stachys 'Hummelo' und Kugelköpfigem Lauch (*Allium sphaerocephalon*).

Gräser im Garten

Gräser bereichern den Garten. Sie geben den Staudenbeeten eine wunderbare Natürlichkeit und Leichtigkeit, sie sprechen unsere Sinne an, wenn sie sich im Wind bewegen oder durch die Sonne zum Leuchten gebracht werden. Sie bringen uns ein Urlaubsfeeling nach Hause, sind aber auch im Wintergarten eine wirkliche Bereicherung, da sie in der kalten Jahreszeit dem Garten Struktur und Farbe verleihen.

Das frisch grüne Herbstkopfgras (Sesleria autumnalis) ist ideal für den Beetvordergrund.

Ich bin immer verwundert, wenn ich zu einem Ersttermin in die Gärten meiner Kunden komme und sehe, dass keine Gräser vorhanden sind. Woran liegt das? Möglicherweise wurden schlechte Erfahrungen gemacht und das Vorurteil, dass Gräser wuchern und man sie nicht mehr los wird, ist in den Köpfen.

Nicht vorschnell urteilen

Tatsächlich gibt es Gräser wie das Chinaschilf *(Miscanthus)*, die sehr in die Breite wachsen und nur mühevoll zu entfernen oder zu versetzen sind, haben sie einmal Fuß gefasst. Deshalb sollten die Positionen gut gewählt sein, wenn man diese Gräser einplanen möchte. Aber vielleicht macht ja gerade an der Gartengrenze eine solche blickdichte hohe Gräserart Sinn. Es gibt aber noch viele weitere ganz wunderbare Gräser, die eher transparent und schlank wachsen oder sogar filigran in ihrer Optik sind. Es gibt Gräser für die Sonne und für den Schatten, hohe und niedrige Gräser und »frühblühende« und »spätblühende« Gräser. Auf jeden Fall sind Gräser eine absolute Bereicherung für jeden Garten und deshalb für den Wohlfühlgarten unverzichtbar.

Die Top 5 der Gräser, die ich am liebsten verwende:

→ **Riesen-Federgras** *(Stipa gigantea)*
Hohes, transparentes Gras, frühblühend (daher ist es bereits im Juni ausgewachsen) und ideal als Sichtschutz oder Raumteiler.

→ **Garten-Reitgras** (*Calamagrostis* 'Karl Foerster')
Sehr schlank wachsend, daher ideal für den Einsatz als Gräserhecke, frühblühend und ebenfalls im Juni bereits ausgewachsen.

Hier leuchten Riesen-Federgras (Stipa gigantea) und Mexikanisches Federgras (Nassella tenuissima) um die Wette.

→ **Dunkles Federborstengras** *(Pennisetum alopecuroides* var. *viridescens)*
Gehört zu den spätblühenden Gräsern, das heißt, die Blüten erscheinen erst im August. Ich liebe es, wenn die tiefstehende Sonne die dunklen Blütenwalzen zum Leuchten bringt. Auch mit Raureif oder Frost überzogen macht es eine gute Figur. Es neigt zur Aussaat, kann aber gut entfernt werden.

→ **Herbstkopfgras** *(Sesleria autumnalis)*
Dieses niedrige Gras plane ich gerne im Beetvordergrund ein. Es leuchtet ganz wunderbar frischgrün. Auch wenn es nach dem Winter immer noch gut aussieht, empfehle ich das Gras um die Hälfte zurückzuschneiden, dann treibt es wieder frisch durch.

→ **Rutenhirse** *(Panicum virgatum* 'Northwind')
Das attraktive blaugrüne Laub und die orangegelbe Färbung im Winter sind die Besonderheiten dieser Rutenhirse. Sie gehört zu den spätblühenden Gräsern und ist erst im August ausgewachsen.

Gräser lassen den Garten natürlich erscheinen.

Die transparenten Blütenstängel der Rasenschmiele (Deschampsia) verweben sich ganz wunderbar mit Nachbarstauden. Im Sommer benötigt dieses Gras bei Trockenheit regelmäßige Wassergaben.

Das Japanwaldgras (Hakonechloa macra) sieht durch seine überhängende Form auch im Topf fantastisch aus!

Bepflanzung mit Gräsern

Gräser bereichern den Staudengarten mit ihrer natürlichen Schönheit. Sie sind pflegeleicht und robust und es gibt für alle Boden- und Lichtverhältnisse geeignete Pflanzen. Außerdem bringen sie das ganze Jahr über Struktur und Textur in das Beet.

Schönheit der Gräserblüten

Filigran und von großer Ästhetik und zugleich imposant geben Gräserblüten nicht nur die Bühne für Stauden, sie sind selbst auch besondere Hingucker. Der intensive Blick auf eine einzelne Blüte eröffnet die einzigartige Schönheit.

MEIN TIPP

Niedrige Gräser wie Carex oder Sesleria schneide ich folgendermaßen zurück: Das Gras wird umfasst, als würde man einen Haarschopf zusammenraffen. Dann schneidet man das obere Drittel oder die obere Hälfte ab und bringt das Gras so wieder in Form. Es treibt dann frisch wieder durch.

Chinaschilf

Lampenputzergras

Lampenputzergras und Rasenschmiele in Kombination mit Stauden (Astern und Hylotelephium).

Ein Scharlachwein (Vitis coignetiae) wird hier am oberen Rand der Terrassenüberdachung an einem Stahlseil entlang geleitet. Er gibt dem Sitzplatz einen dekorativen Rahmen. Im Herbst färben sich die herzförmigen Blätter scharlachrot.

Rankpflanzen

Rankpflanzen sind ideal, wenn man vertikale Bereiche begrünen möchte. Am Boden benötigen die Pflanzen wenig Platz – sie breiten sich in der Höhe aus. Einsetzbar sind sie in vielen Bereichen, egal ob als Sichtschutz für Terrassen und Sitzplätze, als Begrünung von Mauern und Zäunen oder als dekoratives Element.

Meine Top 4 Rankpflanzen

→ Clematis
→ Scharlachwein
→ Blauregen
→ Kletterhortensie

Clematis
Diese Kletterpflanze begeistert mit ihrer üppigen Blütenpracht in verschiedenen Farben. Gestalterisch kombiniere ich gerne frühblühende Sorten wie *Clematis montana* und sommerblühende Sorten.

Scharlachwein *(Vitis coignetiae)*
Ein großer Vorteil des Scharlachweins gegenüber dem bekannten Wilden Wein: Er hat keine Haftwurzeln. Er rankt genau wie eine Clematis, d. h. er benötigt eine Rankhilfe. So lässt er sich ideal leiten und wächst nicht unkontrolliert wie wir es vom Wilden Wein und Efeu kennen.

Blauregen *(Wisteria)*
Die elegante Kletterpflanze besticht durch ihre langen, traubenförmigen Blütenstände, die es in blauvioletten und weißen Farbtönen gibt. Mir gefällt außerdem das attraktive gefiederte Laub. Der Blauregen ist sehr wüchsig und langlebig.

Kletterhortensie *(Hydrangea petiolaris)*
Die Kletterhortensie ist die ideale Kletterpflanze für den Halbschatten. Sie klettert mittels Haftwurzeln und benötigt daher keine zusätzliche Rankgitter. Durch ihre attraktive Rinde ist sie auch unbelaubt im Winter schön anzusehen.

Die attraktiven cremeweißen Blüten der Kletterhortensie erscheinen im Frühsommer.

Hier verschönert die Clematis 'Princess Diana' den Pfosten der Pergola. Die pinkfarbigen, glockenartigen Blüten leuchten schon von Weitem. Für eine gute Entwicklung sollte der Fuß, also der untere Bereich der Clematis, beschattet sein.

Mit Kletterpflanzen kann ein schneller Sichtschutz gestaltet werden. Hier wurde ein Blauregen an der Seite der Pergola gepflanzt, damit sein sommergrünes Laub den Blick in eine unschöne Ecke des Nachbargartens dekorativ verdeckt.

Im Frühsommer bietet sich dem Betrachter ein fantastisches Bild, wenn die Blüten des Blauregens in langen Trauben herunterhängen.

Beim Blauregen sind durch züchterische Bemühungen auch Blütenfarben wie weiß oder rosa und Farbschattierungen von blau und violett entstanden.

TIERE IM GARTEN

Ein Wohlfühlgarten ohne Tiere? Sie gehören einfach dazu, die summenden Insekten, die zwitschernden Vögel und all die anderen tierischen Gartengesellen.

Es ist einfach so schön anzuhören und anzusehen, wie Bienen und Hummeln summen und Schmetterlinge von Blüte zu Blüte fliegen. Auch Vogelgezwitscher schafft eine schöne Atmosphäre und trägt zum Wohlbefinden bei. Damit sich Tiere in unseren Gärten dauerhaft aufhalten, sollten wir ihnen beste Bedingungen schaffen: Ein Wohlfühlgarten für deine Gartentiere.

Vögel im Garten

Vögel zählen zu den häufigsten Gartenbesuchern. Sie fühlen sich bei uns wohl, wenn es Nahrung, Wasser, Nistplätze und Unterschlupf gibt. Gärten, die lediglich aus einer Rasenfläche und einem Zaun bestehen, sind wenig attraktiv für die gefiederten Gäste und im Übrigen auch für alle anderen Wildtiere.

Der dichtblütige Ziest (Stachys monnieri) lockt viele Schmetterlinge an. Hier empfehle ich die Sorte 'Hummelo'. Die verblühten Blüten trocknen schön ein und bereichern den Wintergarten mit ihrer Struktur.

Ein schönes Beispiel für ein Vogelnährgehölz ist der Zierapfel. Seine kleinen Äpfelchen hängen noch lange nach dem Laubfall am Baum und dienen Vögeln im Winter als Nahrung. Besonders schön: die Sorte 'Evereste'. Sie blüht überreich im Frühling und trägt viele kleine rote Äpfelchen.

Wird ein echter Lebensraum, in Form von Hecken, Sträuchern und Bäumen geboten, werden sie sich gerne in unseren Gärten aufhalten. Die Gehölze bieten den Tieren die notwendigen Nistplätze und Unterschlupf.

Auf fruchttragende Gehölze wie Beerensträucher, Felsenbirne *(Amelanchier)*, Schwarzer Holunder *(Sambucus nigra)* oder Wildapfel stehen Vögel besonders. Auch Hartriegel *(Cornus)* wie die Kornelkirsche *(Cornus mas)*, Berberitze *(Berberis vulgaris)*, Pfaffenhütchen *(Euonymus europaeus)* sowie Weißdorn (*Crataegus* sp.) und Wacholder *(Juniperus communis)* ernähren zahlreiche Wildvogelarten.

Auf dem Speiseplan der Gartenvögel stehen außerdem Insekten und die finden sich im Garten ein, wenn du fast das ganze Jahr über etwas Blühendes zu bieten hast.

Wenn wir im Winter Futterstellen im Wohlfühlgarten platzieren, locken wir zahlreiche Vogelarten in unseren Garten. Zu den beliebtesten Gartenvögeln gehören Blaumeisen, Rotkehlchen, Amseln, Spatzen und Finken.

Ein selbstgebautes Vogelhaus – Nistkasten und Futterstelle in einem.

MEIN TIPP

Durch das Futterangebot kannst du beeinflussen, welche Vögel sich in deinem Garten einfinden. Wir fanden es ganz spannend, endlich mal den Buntspecht zu Gesicht zu bekommen, dessen »Trommeln« wir im Sommer oft hören konnten. Eine neue Futterstelle mit geschälten Erdnüssen sucht er nun täglich auf. Der Buntspecht zählt zu den Körnerfressern wie Meisen, Finken und Zeisige. Sie fressen auch gerne Sonnenblumenkerne. Amsel und Zaunkönig sind Weichfutterfresser. Sie mögen z. B. Haferflocken.

Wusstest du, dass Buntspechte nicht »trommeln«, weil sie Nahrung suchen, sondern als Signal. So wie Amseln ihren Gesang einsetzen, benutzen Buntspechte das Trommeln als Sprache. Es bedeutet »hier bin ich zu Hause« oder »ich suche einen Partner oder eine Partnerin«.

Eine Vogeltränke versorgt die gefiederten Freunde mit Trinkwasser. Gerne nehmen sie hier auch ein Bad. Die Vogeltränke sollte als Schutz vor Katzen immer erhöht stehen.

Insekten

Insekten sind wichtige Bestäuber und Nahrungsgrundlage für viele andere Tiere. Zu den bekanntesten Garteninsekten gehören Bienen, Schmetterlinge, Marienkäfer, Hummeln und Wespen. Um Insekten in den Garten zu locken, sollten wir bei der Auswahl der Pflanzen auf insektenfreundliche Sorten achten. Wichtig ist, dass die Blüten Pollen und Nektar produzieren, damit sich die Insekten ernähren können.
Die spektakulären gefüllten Blüten bieten trotz üppiger Erscheinung nämlich fast nie Futter für Insekten, weil die Staubblätter, die den Pollen produzieren, fehlen. Die Blüte ist steril und daher für die Insekten nutzlos. Die wichtigen Staubblätter sind durch die züchterische Bearbeitung in zusätzliche Blütenblätter umgewandelt worden.

Der Kugelköpfige Lauch (Allium sphaerocephalon) ist für Bienen, Hummeln und Schmetterlinge attraktiv. Er wirkt besonders schön in Kombination mit Gräsern.

MEIN TIPP

Die bekannte und oft in den Gärten zu findende Forsythie blüht zwar wunderschön, hat aber sterile Blüten und ist deshalb für Insekten uninteressant. Die neue Sorte 'Beatrix Farrand' erweitert aber das Forsythienspektrum um eine bienenfreundliche Insektenweide. Unter den insektenfreundlichen und frühblühenden Gehölzen möchte ich dir die Kornelkirsche (Cornus mas) und die Zaubernuss (Hamamelis) ans Herz legen, die es auch mit gelber Blüte gibt.

Prädikat: Empfehlenswert

Zu den wohl bekanntesten Schmetterlingspflanzen gehört der Schmetterlingsflieder *(Buddleja)*. Er ist ein wahrer Schmetterlingsmagnet. Es ist unglaublich, wie viele der filigranen Schönheiten sich alleine auf den Blüten eines einzigen Strauches im Sommer tummeln. Das ist einfach herrlich anzusehen. Eine besonders empfehlenswerte Sorte ist 'Pink Delight' mit zahlreichen dunkelrosa Rispenblüten.

Auch Insekten haben Durst. Hier bieten sich Keramikschalen an, die mit Wasser gefüllt werden. Damit die Tiere an der Wasserstelle nicht ertrinken, legst du am besten flache Steine oder Zweige in die Schale. Noch mehr Gutes kannst du tun, indem du anstelle von Leitungswasser nährstoffreiches Regenwasser zur Verfügung stellst. Vor allem Bienen bevorzugen diese Wasserquelle.

Ein Geheimtipp und noch in wenigen Gärten zu finden ist auch der im Sommer blühende Ausdauernde Zierlauch (Allium senescens subsp. senescens). Auch auf seinen Blüten sind zahlreiche Insekten zu finden. Die Pflanze bleibt mit 30–35 cm niedrig und blüht von Juli bis September.

Bei gefüllten Blüten werden Insekten oft nicht fündig. Sie produzieren meistens keine Pollen. Eine gefüllt blühende Pfingstrose ist deshalb völlig nutzlos für Insekten, nur die Pflanzen mit einfachen Blüten liefern den wertvollen Nektar.

Eichhörnchen, Igel & Co.

Du kannst dich glücklich schätzen, wenn ein Igel deinen Garten besucht. Die »Stachelritter« sind nämlich sehr wählerisch und bevorzugen naturnah angelegte Gärten, die nicht ganz so aufgeräumt sind. Sie sind äußerst nützliche Gartentiere, die u.a. Insekten und Schnecken fressen. Sie überwintern in Laubhaufen oder selbst gebauten Nestern.

Ist genügend Platz im Garten, kann ein hübsch angelegter Teich viele neue Gartenbesucher anlocken. Neben Fröschen, Kröten und Molchen fühlen sich hier vor allem Libellen und Wasserläufer wohl.

Selten anzutreffen sind Eidechsen, Schlangen und Blindschleichen, die im Garten so manchen Schädling vertilgen. Es lohnt sich also, sie mit einigen Angeboten in den Garten zu locken: Trocken-warme Plätze wie eine Trockenmauer sind genau richtig für Eidechsen, Blindschleichen halten sich gerne in Hecken oder im Kompost auf und Ringelnattern unter Gebüschen und an Gewässern.

Mit etwas Glück zählt ein Eichhörnchen zu deinen tierischen Gartenbewohnern. Die putzigen Tiere ernähren sich u.a. von Nüssen, Samen und Obst. Damit sie die Vogel-Futterhäuschen nicht plündern, kannst du eine spezielle Futterstation anbringen.

Was für den Igel gilt, ist für alle tierischen Gäste im Garten wichtig: Eine wilde Ecke mit Brennnesseln, ein Steinhaufen, eine Trockensteinmauer, aufgeschichtetes Laub und Totholz lieben Insekten, Igel, Blindschleichen und viele andere Tiere.

In einem Wohlfühlgarten sollen sich Mensch und Tier wohlfühlen.

MEIN TIPP

Wenn du deinen Garten tierfreundlich gestalten möchten, solltest du auf den Einsatz von Pestiziden aller Art verzichten.

ERNTEN IM WOHLFÜHLGARTEN

Wenn es um den Wohlfühlgarten geht, dann steht das Ernten von selbst kultiviertem Gemüse, Kräutern und Obst ganz oben auf der Wunschliste.

Chili braucht einen warmen geschützten Platz in deinem Naschgarten.

MEIN TIPP

Wer keinen Platz für einen Obstbaum hat, kann auf Säulen-Obstbäume zurückgreifen. Hier gibt es eine große Sortenauswahl und es ist erstaunlich, wieviel Obst so ein kleiner Baum trägt.

Was dir schmeckt

Es gibt nichts Schöneres, als Gemüse und Obst im eigenen Garten zu kultivieren und zu ernten. Es schmeckt nicht nur besser, weil es frisch geerntet gleich verzehrt werden kann – es ist auch nachhaltiger und ein kleiner Beitrag zum Klimaschutz. Dabei muss es gar kein riesiger Gemüsegarten sein, wie wir es vielleicht von den Eltern oder Großeltern her kennen. Im Wohlfühlgarten reicht schon ein kleiner Bereich, in dem du anbaust, was dir besonders gut schmeckt und ganz oben auf deinem Speiseplan steht, z. B. Tomaten und Kürbisse, Salate und Kräuter zum Würzen. Achte darauf, dass du für deinen kleinen Küchengarten den passenden Standort wählst – Sonne bis Halbschatten und ein humoser Gartenboden sind ideal – und die Pflanzen nach ihrem Bedarf mit Nährstoffen versorgst. Auch für Kinder ist es schön, wenn sie miterleben dürfen, wie Pflänzchen wachsen und gedeihen. Da wird zusammen gepflanzt, gepflegt und geerntet und auf einmal essen die Kleinen auch Gemüse, das vorher verschmäht wurde. Durch Erdbeeren oder einen Johannisbeerstrauch wird der Garten zum Naschgarten.

Der kleine Gemüsegartenbereich wird durch einen hübschen Kastanienzaun von den anderen Gartenbereichen abgetrennt. Ein schmaler Weg aus Rindenhäcksel oder feinem Kies dient der Begehbarkeit. In den Gemüseflächen links und rechts können Salat, Kohlrabi, Zucchini und allerlei anderes Gemüse kultiviert werden – am besten aus vorgezogenen Pflänzchen, die man in der Gärtnerei, auf dem Wochenmarkt oder im Gartencenter im Frühsommer kaufen kann. So spart man sich die Arbeit der Aussaat und hat zur Erntezeit eine überschaubare Menge, die gut verbraucht werden kann.

Dieser Apfelbaum ist ein Halbstamm. Durch die tief beginnende Krone ist die Ernte besser möglich als bei einem Hochstamm.

Tomaten gedeihen gut in großen Pflanzkästen. Unter einer Überdachung stehen sie optimal regengeschützt.

Die schwarzen Kräutertöpfchen verschönern die Holzlamellenwand am Essplatz. Nicht nur attraktiv, sondern auch praktisch: So hat man die Kräuter in greifbarer Nähe.

MEIN TIPP

Wenn es nicht viel Platz im Garten gibt, kann Gemüse auch sehr gut in einem Hochbeet oder einem großen Pflanzkasten angebaut werden. Dennoch sollte ausreichend Platz vorhanden sein, damit Pflanzen wie Tomaten oder Zucchini genug Erdvolumen zur Verfügung steht.

3

Lieblingsplätze

Es braucht gar nicht viel, um glücklich zu sein. Gestalte deinen Wohlfühlgarten ganz nach deinen Bedürfnissen. Genuss steht im Vordergrund und zwar von morgens bis in die Nacht. Lass dich einfach auf den nächsten Seiten inspirieren.

EIN PLATZ ZUM WOHLFÜHLEN

Jeder braucht einen Platz für sich: Vielleicht ist eine Hängematte genau richtig oder du entspannst am besten in einem Daybed oder Strandkorb. Entdecke deinen Wohlfühlplatz.

Der Garten lädt bei schönem Wetter dazu ein, das Leben nach draußen zu verlegen. Dann wird gerne die kurze Kaffeepause im Garten gemacht oder ein Buch gelesen. Im Sommer genießen wir es, draußen zu frühstücken und Abend zu essen. Wenn die Sonne herauskommt, möchten wir raus aus dem Haus und eine schöne Zeit im Garten verbringen. Als Anregung für deinen Wohlfühlplatz zeige ich dir auf den nächsten Seiten viele Beispiele aus unserem Garten und einigen Gärten, die ich geplant habe.

Pergola-Freisitze wie dieser und der auf Seite 99 bekommen durch das parallel angeordneten Holz-Lamellendach einen angenehmen Streuschatten.

Was gibt es Schöneres, als im Garten in einer Hängematte die Seele baumeln zu lassen. Idealerweise plant man zwei Bäume ein, die im richtigen Abstand zueinanderstehen, sodass eine Hängematte dazwischen aufgehängt werden kann. Natürlich müssen die Bäume die Last tragen können, das wird bei einer Neupflanzung einige Zeit dauern. Steht nur ein Baum oder gar keiner zur Verfügung, so kann man sehr gut Holzpfosten in den Boden einbringen – vielleicht schöne Robinienstämme oder alte Eichenbalken – an denen die Hängematte aufgehängt werden kann.

Umgeben von viel Grün fühlt man sich in einem Daybed richtig geborgen. Es ist besonders entspannend, wenn ein leichter Wind die daneben gruppierten Gräser in Bewegung bringt und für ein leises Rascheln sorgt. So ein Daybed kann auch mit einer dekorativen Lichterkette ausgestattet werden. Die Beleuchtung schafft dann eine besinnliche Atmosphäre und ist zudem ein Hingucker in den Abendstunden.

Im Sommer ist die Hängematte unter den beiden Dachplatanen ideal, um im kühlen Schatten ein Mittagsschläfchen zu machen.

Der Strandkorb im Frühsommer. Noch sind die Dachplatanen unbelaubt und so kann man die schöne Sonne genießen.

Daybed

Wie es der Name verrät, ist ein Daybed als Schlaf- oder Liegemöglichkeit für den Tag konzipiert. Solche Daybeds sind immer öfter auch im Outdoorbereich zu finden. Die weich gepolsterten Liegeflächen laden zum Entspannen ein, und es gibt flexible Vorrichtungen, um Schatten oder die Sonne genießen zu können. Seitliche Gardinen oder Rollos sorgen für Sicht- und Windschutz.

Strandkorb

Wir haben für unseren eigenen Garten einen Strandkorb besorgt und ihn an einer Stelle platziert, wo die Sonne einige Stunden länger hingelangt als auf unserer Terrasse. Es ist nun praktisch ein zweiter Sitzplatz geworden. Ein großer Vorteil ist, dass man im Strandkorb windgeschützt sitzt, was besonders angenehm im Frühling und Herbst ist. Durch die ausziehbaren Fußbänke und die Klappfunktion der Rückenlehne hat man alle Möglichkeiten, bequem zu sitzen oder sogar zu liegen. Definitiv unser neuer Lieblingsplatz!

MEIN TIPP

Bei der Planung der verschiedenen Plätze im Garten solltest du an alle Jahreszeiten denken. Dort wo im Frühling Sonne ist, stellt sich möglicherweise im Sommer Schatten ein oder umgekehrt. Das hängt davon ab, ob der Schatten durch Gebäude oder belaubte Bäume entsteht.

Der Strandkorb im Spätsommer, eingerahmt von einer wunderschön blühenden Wildaster (Aster divaricatus). Im Sommer geben die Platanen Schatten, sodass es auch bei hohen Temperaturen im Strandkorb gut auszuhalten ist.

Für mich ist der Strandkorb mein kleines Outdoor Office. Hier habe ich einige Stunden verbracht, um in schöner Atmosphäre kreativ zu sein und an meinem Buch zu arbeiten.

Wir haben ganz bewusst einige Gartenmöbel angeschafft, die so leicht und mobil sind, dass sie ohne große Anstrengung umplatziert werden können, je nachdem wo man sich gerade hinsetzen möchte, z. B. um an einer ganz bestimmten Stelle in den Schatten oder die Sonne zu wechseln, die wir genießen möchten. Es muss ja nicht ein fester Platz und eine befestigte Fläche sein, die als temporärer Wohlfühlplatz im Garten dienen soll, auch ein Stück Rasen geht.

Ein Strandkorb passt ganz wunderbar zum Thema Wasser und wird am besten in der Nähe des Pools platziert. Im Beet davor spielen Gräser die Hauptrolle. Urlaubsfeeling für zu Hause!

Mobiles Mobiliar: ein kleiner Metall-Tisch und Holz-Klappstühle. So wird der ganze Garten zum Sitzplatz.

Adirondack Chairs sind ideale Gartenmöbel – robust, mobil und stylisch. Wir platzieren sie auf dem Rasen vor den Staudenbeeten oder auf dem breiten Kiesweg, sodass man förmlich in die Blütenbeete eintaucht. Auch das sind Wohlfühlorte, wenn es summt und brummt und Schmetterlinge sich auf der Stuhllehne niederlassen.

Den kleinen Sitzplatz neben dem Haus nutzen wir im Hochsommer gerne für eine kleine Kaffeepause. Denn hier gibt es Schatten durch das Nachbarhaus und es weht ein angenehmer Wind.

MEIN TIPP

Deko-Accessoires sind wichtig, damit ein Wohnraumgefühl entsteht. Im Kapitel »Dekoration im Garten« findest du weitere Anregungen dazu.

Die Terrasse am Haus ist eine perfekte Erweiterung des Wohnraums, im Grunde genommen ein Outdoor-Wohnzimmer. Gemütliche Lounge-Möbel laden ein, entspannte Stunden zu verbringen, das Holz als Material trägt zur Wohlfühlatmosphäre bei. Die ruhigen Grau- und Blautöne sorgen für Harmonie und lassen sich mit vielen anderen Farben kombinieren. Die ehemals rote Hausklinker-Fassade wurde im Terrassenbereich in einem Cremeton gestrichen, was das Wohnraum-Feeling verstärkt. Ein Sisalteppich trägt ebenfalls zur heimeligen Atmosphäre bei.

Wohnzimmer im Garten oder Garten im Wohnzimmer? Durch den edlen Bodenbelag und die Natursteinverkleidung der Seitenwand wirkt der Bereich sehr wohnlich. Bei warmem Wetter lassen sich die Glasschiebeelemente soweit zur Seite schieben, dass der Raum zum Freiluftzimmer wird.

Viele Gartenbesitzer wünschen sich zusätzlich zur Hausterrasse noch einen weiteren Sitzplatz. Beispielsweise um die Abendsonne zu genießen, wenn die Hausterrasse bereits im Schatten liegt. Oder andersherum, wenn man mittags im Schatten sitzen möchte. Ein zweiter Sitzplatz bietet die Möglichkeit zum Rückzug oder für Geselligkeit, wenn mehrere Personen den Garten nutzen. Ein weiterer Vorteil ist die neue Perspektive: nämlich der Blick auf das eigene, attraktive Haus.

Die Mauer, die den Sitzplatz umgibt, sorgt für Sicht- und Windschutz. Die Klinkersteine speichern die Wärme und geben sie am Abend wieder ab. So kann man gut geschützt die schönen Sommerabende genießen.

Beete dürfen auch direkt an den Sitzplatz heranreichen. Inmitten der blühenden Pflanzen wird die zweite Terrasse zum Wohlfühlort.

Für lichten Schatten sorgt das Lamellendach aus Holz. Ein Schönwetter-Sitzplatz, da ein solches Dach keinen Regenschutz bietet. Bei der Planung muss also gut überlegt werden, wo der Freisitz hinkommt.

MEIN TIPP

Der Platz zum Essen muss nicht direkt am Haus eingeplant werden. Mittlerweile sind die Temperaturen im Sommer so hoch, dass ein schattiger Essplatz immer besser ist – auch wenn dieser einige Schritte vom Haus entfernt liegt.

DEKORATION IM GARTEN

Weniger ist mehr – das trifft auch auf Dekoration im Garten zu. Wohl dosiert, wird der Garten aber erst durch Dekoelemente zu etwas Besonderem und trägt die eigene Handschrift.

Die Terrasse als erweiterter Wohnraum wird meiner Meinung nach erst individuell und zum Wohlfühlort durch Dekoration. Einen bestimmten Stil oder ein Thema zu verfolgen, erleichtert dabei die Auswahl und Zusammenstellung. Ob Boho-Stil, das Thema »Strand & Meer« oder »Exotic« – es findet sich für jeden Geschmack ein passendes Thema. Hast du dein Motto gefunden, kannst du wunderbar nach Dekoelementen suchen, beispielsweise ein passender Teppich, Kissen, Pflanzen und entsprechende Töpfe, Windlichter und noch viel mehr.

Boho-Stil

Der Boho-Stil ist bekannt für seine hellen Farben (helles braun, beige, weiß), den Mix aus Materialien

Boho-Chic: Runde Flechtelemente und ein raffinierter Spiegel schmücken die weiß getönte Wand und ergeben zusammen eine stilvolle Wanddekoration.

Ein goldfarbener Fadenvorhang ersetzt auf unserer Terrasse das klassische Fliegengitter. Er passt wunderbar zum von uns gewählten Thema.

Ein Wandbild aus Naturmaterialien, die hellen Farben der Wand, die Textilien und die Pflanze im Hängekorb unterstreichen den Boho-Stil. Ein Ast, ähnlich einem Treibholz, wurde aufgehängt und mit einer Lichterkette umwickelt. Das sorgt für ein schönes Ambiente am Abend.

wie Holz, Bambus und Rattan und die Verwendung von natürlichen Stoffen wie Leinen, Baumwolle und Jute. Auch Pflanzen spielen eine große Rolle.

Mit Kissen kann man gut einen bestimmten Stil einfangen und wenn irgendwann ein anderes Thema gewählt wird, sind die Kissenhüllen schnell ausgetauscht. Das mache ich auf unserer Terrasse gerne so.

Ein Metallregal für Brennholz wurde mit Holzplatten versehen und dient nun als Sideboad für weitere Dekorationsartikel. Alle Farben sind aufeinander abgestimmt. Naturfarben wirken nie schrill, sondern harmonisch und sorgen für Gemütlichkeit. Ein Buddha aus Keramik, zwei Rattan-Windlichter, Pflanzen und passende Accessoires: Fertig ist der »fernöstliche Exotik-Stil«.

MEIN TIPP

Die Terrasse wird zum Wohlfühlort durch Pflanzen. Für das Thema »Exotik« oder »Urban Jungle« stelle ich im Sommer einfach einige Zimmerpflanzen wie Sukkulenten, Monstera und andere Blattschmuckpflanzen oder Palmen auf die Terrasse. Sie sorgen für exotisches Flair.

Ein kleines Stillleben auf dem Terrassenregal. Ich liebe es, schöne Dinge immer wieder neu zusammenzustellen und in Szene zu setzen. Der zarte Grünton harmoniert sehr gut mit den Grautönen des Rattan-Kranzes und der Pflanze. Ein verblühter Allium-Blütenstand komplettiert das Arrangement.

Entspannen im Gartenzimmer – Einladende Kissen in natürlichen Tönen und Boho-Details sorgen für ein behagliches Ambiente.

»Lieblingsplatz« – Dieses handgemachte Schild ist ein kleiner Wegweiser zum Sitzplatz in der Nähe.

Gräser gehören zum Thema »Meer«. Passend dazu wurde der Holzklotz mit einem maritimen Anstrich und einem dicken Tau versehen.

Eine rostige Schale mit Sukkulenten bepflanzt wird zum Mini-Garten. Die Schale harmoniert mit den Cortenstahl-Hochbeeten im Hintergrund.

Besondere Gäste verlangen nach einer besonderen Deko, wie hier Geschirr und Gläser in Meeresfarben. Ein kleines Netz und blaue Seesterne unterstreichen das gewählte Motto.

Kronleuchter mit Kerzen in einem Apfelbaum. Solche dezenten Dekorationen werten den Garten auf.

Zwei Rattanleuchten heben den wohnlichen Charakter auf dieser Terrasse hervor. Dazu kommen gemütliche Lounge-Möbel, Kissen, ein Sisal-Teppich, ein Feuertisch und viele Pflanzen – fertig ist das Outdoor-Wohnzimmer.

Durch die hübschen, gestreiften Kissen und das Deko-Kissen mit Schriftzug wirkt das Daybed richtig einladend.

Eine Schwengelpumpe an einem alten Eichenbalken. Sie ist nicht in Betrieb, sondern nur Dekoration und passt besonders gut in ländliche Gärten.

DER GARTEN AM ABEND

Der Tag neigt sich dem Ende zu, die blaue Stunde geht in den Abend über. Im Garten wechselt die Szenerie und neue Gestaltungsmomente entstehen.

Die letzten Sonnenstrahlen bringen die Gräser zum Leuchten., wenn die »blaue Stunde« den Garten in ein besonderes Licht taucht. Nun ist es Zeit, um es sich gemütlich zu machen. Der abendliche Garten birgt eine ganz andere Stimmung als am Tag. Durch die Einplanung verschiedener Lichtquellen kannst du deinen Garten auch noch nach Sonnenuntergang genießen.

Licht im Garten

Es gibt verschiedene Arten von Gartenlicht. Zum einen die Pflanzenbeleuchtung: Mithilfe von Strahlern werden Gräser oder Gehölze erleuchtet und so in den Abendstunden in Szene gesetzt. Zum anderen gibt es die Wegbeleuchtung: Sie ist wichtig, um Treppen und Wege hervorzuheben. Außerdem gibt es stim-

Unsere Terrasse am Abend: Der Feuertisch bringt heimelige Wärme. Kerzen, Lampions und Leuchten sorgen für eine schöne Stimmung.

Angestrahlte Gehölze ziehen die Blicke auf sich. Hier wird eine mehrstämmige Felsenbirne in ein warmes Licht getaucht. Nicht nur der Stamm, auch die Krone leuchten im Licht des Spotstrahlers.

Besonders Gräser eignen sich gut, um angestrahlt zu werden

mungsvolle Lichtinstallationen wie Hängelampen, Lampions, Lichterketten, Kerzen und Feuerstellen. Alle Gartenlichter haben aber eines gemeinsam: Sie schaffen Atmosphäre und sorgen für eine gemütliche und einladende Stimmung im Garten oder auf der Terrasse und machen diese Bereiche zu entspannten Wohlfühlorten.

Die sanft beleuchtete Terrasse und der stimmungsvoll erhellte Garten schaffen Ruhemomente und laden ein, den Abend zu genießen.

Damit Gartentiere wie Insekten und Vögel durch die Gartenbeleuchtung nicht gestört werden, solltest du Lichtquellen bevorzugen, die keine Blaulichtanteile aufweisen.

Hier verbringen wir gerne unsere Abende.

Solarleuchten
Mittlerweile gibt es qualitativ hochwertige Solarleuchten. Das Gute daran ist, dass kein Stromkabel verlegt werden muss. Allerdings funktionieren sie nur in lichtreichen Zeiten. An trüben Tagen bleiben auch die Lampen dunkel. Für eine ganzjährige Beleuchtung sind sie deshalb nicht geeignet. Für atmosphärisches Licht an Sommerabenden, z. B. als Lichterkette an der Terrasse oder im Baum, sind Solarleuchten aber eine gute Alternative.

Feuertisch, Feuerschale & Co.

Kennst du das auch? Man sitzt mit Freunden oder dem Partner auf der Terrasse und genießt schöne Stunden. Später am Abend wird es oft kühler und die ersten Rufe nach einer wärmenden Decke kommen auf. Doch der Abend muss nicht nach drinnen verlegt werden oder gar ein abruptes Ende finden. Ein mit Propangas betriebener Feuertisch kann – auf Knopfdruck – für eine gemütliche Atmosphäre und wohlige Wärme sorgen. Diese gasbetriebenen Feuertische sind eine gute Möglichkeit »echtes« Feuer als Wärmequelle auch auf überdachten Terrassen zu nutzen. Dadurch, dass nur Gas als Brennstoff genutzt wird, entwickelt sich kein Rauch und auf einen Rauchabzug kann verzichtet werden. Außerdem sind gasbetrieben Feuertische einfach zu bedienen, was ein großer Vorteil ist. Funkensprühendes Holz und nachglühende Asche sind Vergangenheit.

Mit Feuerschale oder Feuerkorb kannst du im Garten ebenfalls für eine Feuerstelle sorgen. Es macht einfach Freude, abends am Feuer zu sitzen, und ganz nebenbei sind die Schalen und Körbe hübsche Dekorationsobjekte. Und wenn Kinder an einem lauschigen Sommer- oder einem herrlichen Herbstabend dabei sind, lieben sie es, Stockbrot oder Marshmallows am Feuer zu rösten.

MEIN TIPP

Der Untergrund unter Feuerschalen oder einem Feuertisch sollte befestigt sein. Auf Rasenflächen kann die abstrahlende Hitze Schaden anrichten.

WASSER IM GARTEN

Wasser sollte in keinem Garten fehlen. Das leise Plätschern eines Brunnens ist entspannend, ein kleiner Pool sorgt für Badespaß.

Schon ein leises Wassergeräusch beruhigt und hilft beim Stressabbau. Dabei muss es gar kein großes Wasserbecken oder ein Teich sein. Für eine schöne Atmosphäre sorgt bereits ein kleiner Zierbrunnen, der neben dem Sitzplatz leise plätschert.

Plant man einen Zierbrunnen oder ein Wasserspiel ein, so ist es normalerweise notwendig, einen Wasserbehälter mit Pumpe im Erdreich einzusetzen. Mittlerweile gibt es aber auch Zierbrunnen, die ein innenliegendes Wasserreservoir mit Pumpe haben. Dadurch ist das Einwintern ein Kinderspiel. Außerdem sind diese Zierbrunnen sehr oft aus GFK (glasfaserverstärktem Kunststoff). Das macht sie leicht, widerstandsfähig und stabil.

Entscheidest du dich für einen Pool, solltest du die regelmäßigen Pflegemaßnahmen einkalkulieren.

Es gibt zahlreiche Möglichkeiten, einen Pool in den Garten zu integrieren, egal, ob rund, oval oder eckig. Damit der Pool sich harmonisch in den Garten einfügt, sollten in jedem Fall begleitende Beete eingeplant werden. Nur durch die Verbindung von Pflanzen und Poolbereich wird der Platz zum Wohlfühlort.

Ein kleiner weißer Zierbrunnen fügt sich harmonisch zwischen den blau, lila und rosa blühenden Stauden ein. Solche Zierbrunnen haben den Vorteil, dass sie ein innenliegendes Wasserreservoir haben. So ist die Entnahme der Pumpe im Winter ein Kinderspiel.

Es muss kein großes Wasserbecken oder ein Teich sein. Für eine schöne Atmosphäre sorgt bereits ein kleiner Zierbrunnen, der leise plätschert.

Dieser Hanggarten wurde terrassiert und der Pool in der unteren Ebene eingeplant. Drei Stufen oberhalb befindet sich die Hausterrasse. Für eine optische Abtrennung der Bereiche sorgen Gräser in Hochbeeten.

Ein kleiner Relaxpool mit den Maßen 2 × 3 m sorgt in diesem Stadtgarten für entspannte Stunden. Die Abdeckung schützt den Pool vor Verschmutzung und verhindert eine Abkühlung in den Nachtstunden.

Urlaubsfeeling für Zuhause: Im gemütlichen Strandkorb mit Blick auf den Pool kann man im Urlaub auch zu Hause wunderbar entspannen.

Teich im Garten

Auch ein Teich ist ein schönes Element, um Wasser im Garten zu integrieren. Er kann klein oder groß, aus verschiedenen Materialien, formal oder organisch geformt sein, im Boden eingelassen, aber auch oberirdisch angelegt werden. So eine »Wasserstelle« bietet außerdem einer Vielzahl von Pflanzen und Tieren eine Heimat.

Ein Teich ist nicht nur ein faszinierendes Highlight im Garten, sondern auch eine Oase der Ruhe und Gelassenheit. Das sanfte Plätschern des Wassers schafft eine beruhigende Atmosphäre und die Spiegelung auf der Wasseroberfläche erzeugt schöne Lichtspiele.

Ein entspannter, kleiner Sitzplatz direkt am Teich inmitten von Grün ist auch eine Oase für Gartentiere.

KINDER IM WOHLFÜHLGARTEN

Im Garten sollen auch die Kinder Spaß haben. Dazu gehören natürlich ein Sandkasten und andere Spielgeräte, die sich gut integrieren lassen.

Bei der Sandkasten Planung sollte unbedingt die Größe beachtet werden. Oft sind die Sandkästen, die es zu kaufen gibt, viel zu klein. Aus Erfahrung – mein Bruder hat drei Kinder – kann ich sagen, meine Neffen haben den großen Sandkasten geliebt. Sie haben dort Stunden mit ihren Freunden gebuddelt. Und wenn im Sommer dann noch ein Wasserschlauch dort hingelegt wurde und der Burggraben mit Wasser gefüllt werden konnte, dann ging das Matschen richtig los und sie waren lange Zeit beschäftigt und glücklich. Aber das geht nur mit einer gewissen Sandkastengröße.

Dieser Sandkasten kann später zum Blumenbeet werden. Deshalb wurde er von vornherein mit Randsteinen angelegt, die zum dahinterliegenden Hochbeet passen.

Bei meinen Planungen achte ich darauf, dass ein Sandkasten so angelegt wird, dass er – wenn dieser einmal nicht mehr benötigt wird – eine neue Funktion erhalten kann. Vielleicht wird er zum weiteren Blumenbeet oder bleibt dauerhaft mit Sand gefüllt und wird zum kleinen Beach mit Liegestühlen.

Spielbereiche

Auch Kinder möchten ihren eigenen Bereich im Garten haben. Da bietet es sich an, auch die Spielgeräte wie Trampolin und anderes in einem eigenen Gartenraum unterzubringen.
Welche Möglichkeiten es für die Abtrennung gibt, habe ich in den vorherigen Kapiteln bereits ausführlich beschrieben. Aber auch auf den folgenden Fotos sieht man gut, wie mit Pflanzen oder anderen Elementen Spielbereiche abgetrennt werden können.

Ein Spielhaus für Kinder bereichert diesen Garten. Versteckt hinter Gräsern und Stauden ist der Bereich für die Kinder optisch abgetrennt.

Was gibt es Schöneres, als im Sommer im eigenen Pool im Garten Spaß zu haben?

Zum Holzsteg mit dicken Tauen als Abtrennung passt das Thema »Strand« gut. Hier ist genug Platz zum Buddeln. Abends wird das Spielzeug weggeräumt und der Sandkasten wird mit Liegestühlen zum Wohlführtort mit Strandfeeling. Die schlanken Gräser am Rand unterstreichen das Thema.

Spielgeräte müssen nicht zwangsläufig unattraktiv sein. Dieses Spielelement mit Rutsche ist ein dekorativer Hingucker.

4

Vorhandenes wertschätzen

Es muss nicht alles neu sein! Was im Garten schon vorhanden ist, kann oftmals gut integriert werden, schafft Beständigkeit, bewahrt Erinnerungen. Und nachhaltig ist es sowieso. Das Wertschätzen von Dingen schafft Individualität.

ERHALTEN IST NACHHALTIG

Bevor mit der Gartenplanung begonnen wird, empfehle ich jedes Gehölz, das bereits im Garten vorhanden ist mit Sachverstand und Wertschätzung zu betrachten und Erhaltenswertes mit in die Planung für den neuen Garten einfließen zu lassen.

Sehr oft höre ich beim Ersttermin von Gartenbesitzern, dass alle vorhandenen Bäume und Sträucher entfernt werden sollen, sodass ich ohne Einschränkung planen kann. Es ist aber häufig gar keine gute Idee, »Tabula rasa« zu machen, also durch Entfernung alles Vorhandenem einen Neubeginn zu ermöglichen und gewissermaßen radikal »Ordnung« schaffen zu wollen, ohne Rücksicht auf Verluste. Wir gehen dann zusammen durch den Garten und schauen gemeinsam, welchen Nutzen die Gehölze

Rispenhortensien und Stauden spielen die Hauptrolle. Die immergrüne Bepflanzung im Hintergund war schon vorhanden und bildet eine wertvolle Kulisse.

haben und wo es sinnvoll ist, dass Gehölze bleiben und in die Planung integriert wird.

Erfahrungswerte

Hohe Koniferen findet man in vielen alten Gärten. Zu meinen Lieblingsbäume zählen sie allerdings nicht. Dennoch sollte geschaut werden, was sich hinter den Bäumen befindet. Vielfach verdecken die hochgewachsenen, immergrünen Nadelgehölze Häuser in der Nachbarschaft. Würden die Bäume gefällt, so gäbe es keinen Sichtschutz mehr. Auch wird bei großen Bäumen meistens nicht bedacht, dass eine Neupflanzung viele Jahre benötigen würde, um denselben Sichtschutz zu gewährleisten.

Wenn die Gartenfläche groß genug ist, können diese immergrünen Gehölze wunderbar als grüner Hintergrund für eine schöne blühende Stauden-Gräser-Pflanzung dienen. So fallen die Bäume gar nicht mehr so ins Auge, wie es momentan ohne blühende Beete vielleicht der Fall ist. Im Bild auf Seite 126/127 siehst du immergrüne Gehölze wie Koniferen, Glanzmispeln und Lorbeerkirschen, die erhalten wurden, weil sie ein unschönes hohes Gebäude verdecken. Der gemütliche Sitzplatz wirkt harmonisch vor der grünen Kulisse und für Blühendes sorgt die Bepflanzung im Beet davor.

Der schöne Ahornbaum wurde geschickt in die neue Planung integriert und sorgt für einen attraktiven Wegverlauf.

Warum Gehölze erhalten

Außer dem Sichtschutz-Gedanken gibt es noch weitere Gründe, warum Gehölze erhalten werden sollten. Vor allem ausgewachsene Laubbäume verleihen dem Garten eine besondere Atmosphäre. Sie geben dem betreffenden Gartenteil einen einzigartigen Charakter. Diesen Genius loci (lateinisch »Geist/Seele des Ortes«) gilt es zu erkennen und für die Gartenplanung zu nutzen. Alte Bäume haben meistens ein charaktervolles Geäst, einen Stamm mit schöner Rinde und eine gut ausgebildete Krone.

Eine Ramblerrose hat diesen Baum so weit eingenommen, dass es schein, als ob der Baum selber in Blüte steht.

Auch alte Obstbäume beeindrucken oft durch eine besondere schöne Wuchsform. Wenn sie kaum noch Obst tragen und vielleicht auch weniger Laub, wird dann über eine Fällung nachgedacht. Dabei gibt es verschiedene Möglichkeiten, den Baum zu erhalten. Eine Idee wäre beispielsweise eine Ramblerrose an den Stamm zu pflanzen. Ramblerrosen, auch Schlingrosen genannt, sind eine besondere Rosenzüchtung. Im Gegensatz zu den meisten Kletterrosen, die über eine eher steife Struktur verfügen, winden sich Ramblerrosen mit einem üppigen Flor aus vielen kleinen Blüten idealerweise in das Geäst von Bäumen. Sehr hohe Sorten – die Höhen von 6–10 m erreichen – brauchen keinen Rückschnitt und blühen einmal jährlich, meistens überreich.

Aufasten

Stehen alte Gehölze mitten im Garten, so ist es auch eine Überlegung, zu schauen, ob diese aufgeastet werden können. Aufasten bedeutet, man entfernt die unteren Äste des Baumes und der Stamm oder die Stämme werden sichtbar. Das ergibt sehr oft attraktive Ergebnisse. Weitere Vorteile: Ein Durchblick – am Stamm vorbei – in den Garten und die Möglichkeit, die Fläche unter dem Baum ansprechend zu bepflanzen. Ein bekanntes Beispiel ist das Aufasten von Felsenbirnen *(Amelanchier)*. Diese Großsträucher werden häufig aufgeastet und als mehrstämmige Bäume angeboten. Aufasten kann man aber auch alte Rhododendren, Koniferen oder Eiben.

Der Effekt von aufgeasteten Koniferen ist erstaunlich. Die schlank wachsenden Bäume wirken wie aus einem Märchenwald. Sie geben oberhalb des Zauns einen ganzjährig attraktiv grünen Sichtschutz.

Schattenspender

Ein weiterer wichtiger Aspekt, der bedacht werden sollte, bevor ein großes Gehölz entfernt wird, ist der Schatten, den dieser Baum gibt. Gerade die vergangenen heißen Sommer haben uns gezeigt, wie wertvoll natürlicher Schatten ist. Ist es wirklich heiß, hilft auch kein Sonnenschirm oder eine Markise. Dann suchen wir uns gerne ein Plätzchen unter Schatten spendenen Bäumen. Gibt es einen solchen Schattenbaum im Garten, sollte er bestehen bleiben und in die Planung integriert werden.

MEIN TIPP

Wenn eine Gefährdung vom Baum ausgeht, weil dieser krank ist und auf bauliche Elemente fallen könnte, muss natürlich gehandelt werden. Zur Beurteilung sollte ein Fachmann oder eine Fachfrau (Baumsachverständige) zu Rate gezogen werden.

Der alte mehrstämmige Magnolienbaum war vorher nur von Rasen umgeben. Er wurde in die neue Beetplanung integriert und kommt nun durch die Bepflanzung erst richtig zur Geltung.

Unter einem alten Obstbaum wurde ein kleiner Sitzplatz angelegt. Hier kann man der Mittagssonne entfliehen und gemütlich eine Pause machen. Außerdem hängen die Gartenbesitzer hier gerne ihre Hängematte auf.

Ein hoher Strauch gewährt wertvollen Sichtschutz im Sommer. Ohne das Gehölz wäre der Essplatz von einem Mehrfamilienhaus und dem angrenzenden Parkplatz komplett einsehbar.

Vorher langweiliger Rasen mit einer etwas »verloren« wirkenden Buchskugel, heute spannendes Staudenbeet mit Formschnittgehölz als grafisches Akzent.

MEIN TIPP

Alte Bäume gehören oft zu den Fortpflanzungs-, Nahrungs- und Ruhestätten wildlebender Tiere. Auch um die Artenvielfalt im Garten zu bewahren sind diese erhaltenswert.

REGISTER

Bildnachweis

Ulrike Romeis: 2/3 , 4-, 4-2, 5-2, 6, 10, 12-2, 13, 14-1, 14-2, 16, 17, 18-1, 18-2, 18-3, 20, 22/23, 24, 25-1, 25-2, 26, 27-1, 27-2, 28, 30/31, 32, 36, 38/39, 40-1, 40-2, 42/43, 44-3, 45, 47-1, 47-2, 49-2, 50-1, 50-2, 51, 53-1, 53-2, 58-1, 58-2, 59-1, 59-2, 60/61, 62, 63, 64, 65, 66, 67-1, 67-2, 67-3, 68, 69-2, 70, 71-1, 71-2, 73-1, 73-3, 75, 77, 80-1, 82/83, 86/87, 88-1, 88-2, 89, 90-2, 91-1, 91-2, 92/93, 95-1, 96/97, 98/99, 99, 101-1, 101-2, 103, 108, 109-2, 110, 111-2, 112/113, 114, 115, 116, 117-1, 121-2, 123, 125, 130, 133-1, 134/135, 140-2, 141

Jürgen Mies: 5-1, 8/9, 11, 12-1, 15-1, 15-2, 19, 21-1, 21-2, 29-1, 29-2, 33, 34/35, 37-1, 37-2, 41, 44-1, 44-2, 46, 48, 49-1, 52, 53-3, 54/55, 56, 57, 69-1, 72, 73-2, 74-1, 74-2, 76-1, 76-2, 78, 79, 80-2, 81, 84, 85-1, 85-2, 90-1, 94, 95-2, 98-1, 100, 102, 104, 105-1, 105-2, 106, 107-1, 107-2, 107-3, 109-1, 111-1, 117-2, 118/119, 120, 121-1, 124-1, 124-2, 126/127, 128, 129, 133-1, 133-2, 133-3, 140-1, 159

Jenny Becker: 122, 132

Stefanie Daldrup: 131

BEZUGSQUELLEN

Stauden und Gehölze

Wer sich intensiver mit Stauden und Gehölze beschäftigen will, kann sich an folgende Adressen wenden:

Bund deutscher Staudengärtner (BdS) im Zentralverband Gartenbau e. V.
Bornheimer Strasse 37
53111 Bonn
www.stauden.de

Bund deutscher Baumschulen
Kleine Präsidentenstraße 1
10178 Berlin
www.gruen-ist-leben.de

Baumschulen

Gehölze kaufst du am besten bei einer Baumschule in deiner Nähe. Die vor Ort gezogenen Pflanzen sind an die lokalen Klima- und Wetterbedingungen ideal angepasst und wachsen am besten an. Auf der Homepage des Bunds deutscher Baumschulen gibt es eine Suchmaske, die dir empfehlenswerte Baumschulen in deiner Nähe anzeigt:
www.gruen-ist-leben.de/service/baumschul-suche-1/

Staudengärtnereien

Fast alle Staudengärtnereien bieten heute einen Versand an und du kannst im Onlineshop bequem die besten Stauden für dich aussuchen. Auf der Homepage des Bunds deutscher Staudengärtner gibt es eine Suchmaske, die dir empfehlenswerte Gärtnereien in deiner Nähe anzeigt:
stauden.de/staudengaertnereien.html

Die folgenden Gärtnereien sind nach Postleitzahlen sortiert und ohne Anspruch auf Vollständigkeit.

Staudengärtnerei Manig
Parkweg 19
04938 Uebigau
www.stauden-manig.de

Foerster-Stauden
Am Raubfang 6
14469 Potsdam-Bornim
www.foerster-stauden.de

Härlen Staudengärtnerei
Unter den Linden 100
21435 Stelle
www.haerlen-stauden.de

Klingel + Luckhardt
Fliederweg 10
21789 Wingst
www.stauden-klingel-luckhardt.de

Heischhof-Stauden
Heisch 1
24796 Krummwisch
www.heischhof-stauden.de

Staudengärtnerei Wichmann
Wallweg 1
26215 Wiefelstede
www.stauden-wichmann.de

Pöppel-Stauden
Hauptstr. 95/An der B 51
28816 Stuhr
www.poeppel-stauden.de

Lohhof-Stauden
Lohhof 28
31600 Uchte
www.lohhof-stauden.de

Stauden Junge
Seeangerweg 1
31787 Hameln
www.stauden-junge.de

Stauden-Setter
Neuenkirchener Straße 451
33334 Gütersloh-Spexard
www.stauden-setter.de

Floragarten Weinreich
Neue Str. 1
39326 Wolmirstedt
www.floragarten-weinreich.de

Staudenkulturen Stade
Beckenstrang 24
46325 Borken-Marbeck
www.stauden-stade.de

Stauden Becker
Försterstraße 42
46539 Dinslaken
www.stauden-becker.de

Staudengärtnerei Kirschenlohr
Im Lammsbauch 29
67346 Speyer
www.stauden-kirschenlohr.de

Häussermann Stauden & Gehölze
Im Kornfeld 4
71696 Möglingen
www.haeussermann.com

Erika Jantzen
Sindelfinger Str. 85
72070 Tübingen
www.stauden-jantzen.de

Gräfin von Zeppelin
Weinstr. 2
79295 Sulzburg-Laufen
www.graefin-von-zeppelin.de

Stauden Panitz
Am Frauenwald 1
84056 Rottenburg
www.stauden-panitz.de

Stauden Haid
Kleine Zellgasse 21
85049 Ingolstadt
www.stauden-haid.de

Staudengärtnerei Gaißmayer
Jungviehweide 3
89257 Illertissen
www.gaissmayer.de

Bamberger Staudengarten
Gundelsheimer Str. 80
96052 Bamberg
www.bamberger-staudengarten.de

Die Staudengärtnerei
Alte Iphöfer Str. 27
97348 Rödelsee
www.die-staudengaertnerei.de

Gärtnerei Klenart-Stauden
Stotterheimer Str. 16
99087 Erfurt
www.klenart-stauden.de

Österreich
Sarastro Stauden
A-4974 Ort im Innkreis
www.sarastro-stauden.com

Schweiz
Hauenstein AG
Landstr. 42
CH-8197 Rafz
www.hauenstein-rafz.ch

Bücher zum Weiterlesen

Mini-Budget – Maxi Garten
Wie du mit deinem Garten glücklich wirst, ohne dein Konto zu plündern. Angela Francisca Endress, GU 2024

Immerblühende Beete
Vielseitige und ökologisch wertvolle Pflanzkombinationen für jeden Standort. Katrin Lugerbauer, GU 2024

So wird der Garten fit fürs Klima
Die neue Gartenpraxis – für Hitze, Wind und Starkregen. Die besten Pflanzen für den Zier- und Nutzgarten. Joachim Mayer, GU 2023

Wilde Ecken für jeden Garten
Natürlich gärtnern und wertvolle Lebensräume für Tiere und Pflanzen schaffen. Nina Keller, GU 2024

Quickfinder Welche Pflanze passt wohin?
Pflegeleichte & hitzetaugliche Pflanzen für jeden Standort im Garten. Thomas Hagen, GU 2024

Mein Open-Air-Wohnzimmer
Schritt für Schritt zum persönlichen Wohlfühlbalkon. Christina Setzer. GU 2019

Jürgen Mies

Jürgen Mies ist hauptberuflich pädagogische Fachkraft in einer Einrichtung für Menschen mit körperlichen sensorischen, kognitiven und psychischen Beeinträchtigungen. Er unterstützt mit vielfältigen Angeboten bei der beruflichen und sozialen Teilhabe. In seiner Freizeit unterstützt der gartenbegeisterte Lebensgefährte von Britta Telahr seine Partnerin als talentierter Hobbyfotograf bei vielen Fotoarbeiten. Er steuerte viele Praxisbilder zu diesem Buch bei.

Ulrike Romeis

Ulrike Romeis verbrachte Kindheit und Jugend in München und studierte an der Fachhochschule Dortmund Foto-Design. Seit 1990 arbeitet sie selbständig als Fotografin und veröffentlicht in Garten- und Wohnzeitschriften.

»Britta Telahrs Gestaltungskonzept hat mich schon beim ersten Besuch in ihrem privaten Garten begeistert. Ihr Wissen und ihr Gefühl für Räume, Höhenunterschiede und die Möglichkeit auch auf kleinem Raum vielfältige Behaglichkeit, zu schaffen, ist ganz besonders und wohltuend. Ihr und ihrem Partner Jürgen Mies danke ich sehr herzlich für die immer heitere und fundierte Zusammenarbeit. «

→ www. ulrike-romeis-fotografie.de

DANKSAGUNG

Mein großer Dank geht an Ulrike Romeis, die die besondere Gartenstimmung in unserem Garten und in weiteren Kundengärten in fantastischen Bildern festgehalten hat. Sie hatte auch die Idee zusammen ein Gartenbuch zu machen. Ich war gleich begeistert von dem Vorhaben, denn ich hatte sofort das Thema »Wohlfühlgarten« im Kopf, über das ich schreiben wollte.

Ein großes Dankeschön geht auch an den Gräfe und Unzer Verlag, der Interesse an unserer Buchidee gezeigt hat, um neue Aspekte zur Gestaltung kleiner Gärten aufzuzeigen. Herzlichen Dank auch an alle, die dazu beigetragen haben, dass dieses Buch entstehen konnte – insbesondere Folko Kullmann als Projektmanager und Christine Weidenweber als Lektorin, die viel Geduld und Verständnis gezeigt haben bei all den vielen Fragen, die aufgetaucht sind.

Zum Schluss danke ich meinem Lebensgefährten Jürgen Mies, der mich immer unterstützt und dessen Fotos aus zahlreichen Gärten die Bildervielfalt in diesem Buch sehr bereichert haben.

Ich hoffe, dir hat mein erstes Gartenbuch gefallen und ich konnte dir zeigen, dass es selbst im kleinsten Garten Möglichkeiten gibt, Wohlfühlplätze zu schaffen. Wenn du weitere Inspirationen suchst oder Unterstützung bei der Planung benötigst, folge mir auf den sozialen Medien oder nimm mit mir Kontakt auf:

- → www.pflanz-konzept.de
- → youtube.com/@pflanz-konzept
- → facebook.com/pflanzkonzept
- → instagram.com/Pflanzkonzept_Britta.Telahr
- → pinterest.de/Pflanzkonzepte

Ich wünsche dir viel Freude bei der Planung deines Wohlfühlgartens!

Herzlichst, deine

ZUR AUTORIN

Britta Telahr, Gartenplanerin aus Leidenschaft. Nach der Ausbildung im Planungsbüro und der Gärtnerei des renommierten Gartengestalters Peter Janke gründete ich Anfang 2013 mein eigenes Unternehmen »Pflanz-Konzept« und entwickle seitdem als selbständige Gartenplanerin Gestaltungs- und Pflanzkonzepte, vor Ort oder als Fernplanungen. Mein eigener Garten ist nur 250 m² groß, wirkt aber durch die Unterteilung in Gartenräume und die so entstandenen Wohlfühlplätze viel größer. 2025 wurde mein Garten beim Wettbewerb »Gärten des Jahres« als einer der schönsten 50 Privatgärten ausgezeichnet.

Besuche Britta auf:

DIE BÜCHERMENSCHEN HINTER BRITTAS PROJEKT

Verlagsleitung: Nadja Harzdorf-van Wickeren
Projektleitung: Dr. Folko Kullmann
Lektorat: Christine Weidenweber
Cover: ki 36 Editorial Design, München
unter Verwendung von Fotos von Ulrike Romeis
Satz: Christopher Hammond
Herstellung: Gloria Schlayer
Fotografie: Ulrike Romeis, Jürgen Mies
Reproduktion: Longo AG, Bozen
Druck & Bindung: Firmengruppe APPL,
aprinta druck, Wemding

Alle Rechte vorbehalten. Nachdruck, auch auszugsweise, sowie Verbreitung nur mit schriftlicher Genehmigung des Verlages. Die automatisierte Analyse des Werkes, um daraus Informationen insbesondere über Muster, Trends und Korrelationen gemäß § 44b UrhG (»Text und Data Mining«) zu gewinnen, ist untersagt.

© 2025 GRÄFE UND UNZER VERLAG GmbH
Grillparzerstraße 12, 81675 München

www.gu.de/kontakt | hallo@gu.de

GU ist eine eingetragene Marke der
GRÄFE UND UNZER VERLAG GmbH

2. Auflage 2025, ISBN: 978-3-8338-9547-0

WICHTIGER HINWEIS

Die Gedanken, Methoden und Tipps in diesem Buch basieren auf den Erfahrungen unserer Autorinnen und Autoren. Sie wurden nach bestem Wissen erstellt und mit größtmöglicher Sorgfalt geprüft. Weder die Autoren noch der Verlag können jedoch für eventuelle Nachteile oder Schäden, die aus den im Buch gegebenen praktischen Hinweisen resultieren, eine Haftung übernehmen.

G|U

LIEBE LESERIN, LIEBER LESER,

wie wunderbar, dass du dich für ein Buch von GU entschieden hast! In unserem Verlag dreht sich alles darum, dir mit gutem Rat dein Leben schöner, erfüllter und einfacher zu machen. Unsere Autorinnen und Autoren sind echte Expertinnen und Experten auf ihren Gebieten, die ihr Wissen mit viel Leidenschaft mit dir teilen. Und unsere erfahrenen Redakteurinnen und Redakteure stecken viel Liebe und Sorgfalt in jedes Buch, um dir ein Leseerlebnis zu bieten, das wirklich besonders ist. Qualität steht bei uns schon seit jeher an erster Stelle – jedes Buch ist von Büchermenschen für Buchbegeisterte gemacht, mit dem Ziel, dein neues Lieblingsbuch zu werden.

Deine Meinung ist uns wichtig, und wir freuen uns sehr über dein Feedback und deine Empfehlungen – sei es im Freundeskreis oder online.

Viel Spaß beim Lesen und Entdecken!

P.S. Hier noch mehr GU-Bücher entdecken: www.gu.de

FÜR DIE UMWELT

Dieses Buch wurde auf PEFC-zertifiziertem Papier aus nachhaltiger Waldwirtschaft gedruckt. Aus Liebe zur Natur verwenden wir leichtes Papier.

WERDE TEIL DER GU-COMMUNITY!

Du und deine Familie, dein Haustier, dein Garten oder einfach richtig gutes Essen. Egal, wo du im Leben stehst: Als Teil unserer Community entdeckst du die neuesten GU-Bücher als erstes, du genießt exklusive Leseproben und wirst mit wertvollen Impulsen und kreativen Ideen bereichert.

Worauf wartest du? Sei dabei!

www.gu.de/gu-community

WARUM UNS DAS BUCH BEGEISTERT

»Es ist einfach faszinierend, wie mit den Ideen von Britta Telahr jeder Garten in eine Wohlfühloase verwandelt wird.«

Nadja Harzdorf-van Wickeren, Verlagsleitung

Für dein grünes Ich.

Mit diesem smarten Ratgeber wird jeder Vorgarten zur grünen, attraktiven, pflegeleichten und ökologisch wertvollen Visitenkarte des Hauses.

Hier gehts zum Buch:

Einfach scannen und mehr erfahren.